改訂

大学入試
坂田アキラの

化　学
［無機・有機化学編］
の解法が面白いほどわかる本

坂田　アキラ
Akira Sakata

ドカン!! と **天下無敵** の 新しい **参考書日本上陸!!**

イエーイ

Why?
なぜ　無敵なのか…？
そりゃあ，見りゃわかるっしょ!!

理由その **①** 死角のない問題が**ぎっしり**♥

ほすー

1問やれば効果10倍！　いや20倍!!

つまり，つまずくことなく**バリバリ進める**!!

理由その **②** 前代未聞！　他に類を見ない**ダイナミック**な解説！

詳しい…　詳しすぎる…♪ これぞ完璧なり♥♥

つまり，**実力&テクニック&スピード**がつきまくり！

そしてデキまくり!!

理由その **③** かゆ〜いところに手が届く用語説明&補足説明満載！

届きすぎる！

つまり，「**なるほど**」の連続! 覚えやすい!! 感激の嵐!!!

てなワケで，本書は，すべてにわたって 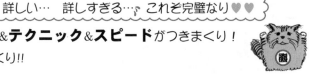 であ─る！

本書を**有効に活用**するためにひと言♥

本書自体，**天下最強**であるため，よほど下手な使い方をしない限り，
絶大な効果を諸君にもたらすことは言うまでもない！

しか─し，最高の効果を心地よく得るために…

ヒケツその **①** まず比較的**キソ的**なものから固めていってください！

レベルで言うなら，キソのキソ 〜 キソ 程度のものを，スラスラで

きるようになるまで，くり返し，くり返し**実際に手を動かして**演習してくださいませ♥ 〜同じ問題でよい〜

ヒケツその ☝ キソを固めてしまったら，ちょっと**レベルを上げて**みましょう！

そうです， 標準 に手をつけるときがきたワケだ!! このレベルでは，**さまざまなテクニック**が散りばめられております♥ そのあたりを，しっかり，着実に吸収しまくってください！

もちろん!! **くり返し，くり返し，**同じ問題でいいから，スラスラできるまで**実際に手を動かして**演習しまくってくださ──い♥♥ さらに暗記分野では㊙の特別シートでしっかり暗記してください!!

これで入試に必要な「無機」と「有機」の知識はちゃ──んと身につきます。

ヒケツその ✌ さてさて，**ハイレベルを目指すアナタ**は…

ちょいムズ から逃れることはできません!!

でもでも， キソのキソ 〜 標準 までをしっかり習得しているワケですから**無理なく進める**はずです。そう，解説が詳し──く書いてありますからネ♥ これも，くり返しの演習で，**『化学の 超 完璧受験生』**に変身してくださいませませ♥♥

いろいろ言いたいコトを言いましたが本書を活用してくださる諸君の♥幸運♥を願わないワケにはいきません！

Good Luck!!

あっ，言い忘れた…。本書を買わないヤツは〜〜負け組決定〜〜だ!!

さすらいの風来坊講師

坂田アキラ より

4

も・く・じ

この本の特長と使い方

「化学」入試によく出るテーマを完全網羅。少し厚いけど、楽しく読めるからすぐ終わる！

暗記することが多い分野だけど、坂田式ならグングン頭に入ってきます（ゴロ合わせもあります）。

ときどき出てくるナゾのキャラたち。すべて坂田オリジナル。坂田先生、アナタは天才だ！

Theme 15　フェノール類のお話

ベンゼン環に直接 −OH が!!

RUB OUT 1　フェノール類

ベンゼン環やナフタレン環にヒドロキシ基 −OH が**直接**結合した化合物を**フェノール類**と呼びます。

代表例

フェノール

o-クレゾール
CH_3

m-クレゾール
CH_3

p-クレゾール
CH_3

1-ナフトール

2-ナフトール

ナフタレン環については…

のように位置を決めてます

注　ベンジルアルコール CH_2OH は、−OH が直接ベンゼン環に結合していないので、フェノール類ではなくアルコールとなる。

RUB OUT 2　フェノール類とアルコールの比較

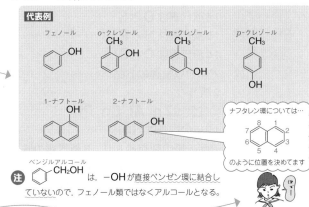

(i)　**アルコールと同様、金属ナトリウムと反応して水素を発生!!**

フェノール
$$2\ \text{OH} + 2Na \longrightarrow 2\ \text{ONa} + H_2 \uparrow$$
ナトリウムフェノキシド

この本は，「化学」の"教科書的な基礎知識"を押さえながら，無機・有機化学での典型問題を解くための"実戦的な解法"を楽しく，そして記憶に残るやり方で紹介していく画期的な本です。「数学」でおなじみの「坂田ワールド」は，「化学」でも健在。これでアナタも，坂田のとりこ！

有名な問題をおひとつ♥

問題24 標準

分子式 C_7H_8O の異性体について，次の各問いに答えよ。

(1) 異性体は何種類あるか。

(2) (1)のうち，塩化鉄(Ⅲ)水溶液を加えると呈色反応を示すものは何種類あるか。

(3) (1)のうち，酸化することにより還元性を示す化合物となるものの構造式は何種類あるか。

> 「化学」入試によく出る問題をガッチリ収録。試験本番は，見たことのある問題だらけになるゾ！

ダイナミック解説

(1) C_7H_8O ☞ C原子が7個であることに対して，H原子は8個しかない少なすぎる‼

こんなときは必ず…

が分子内に含まれています。

とゆーわけで…

内にC原子は6個‼ この分子式は C_7H_8O であるからベンゼン環の外側にC原子が1個ある‼

そこで‼

ひとまずOは無視して考えると…

つまりトルエンですね♥

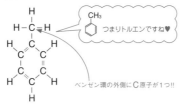

ベンゼン環の外側にC原子が1つ‼

> 1つの問題に対して，ここまで丁寧な解説があっていいものか……と絶句するほどのわかりやすさ＆おもしろさ！

今のところ，分子式は C_7H_8 である。分子式 C_7H_8O に足りないのは，O原子1つのみ‼

準備コーナー

その 1 素晴らしい START を切るために…

まずは準備として理屈抜きでいろいろと暗記していただきます。英文を読む気になれるのも，最低限の単語力が備わっているからです。化学も同様で，先回りして覚えておいたほうがお得なこともある!!

RUB OUT 1 周期表の原子番号 1 〜 20 までの元素は暗記せよ!!

水	兵	リー	ベ	ぼ	く	の		フ	ネ
H	He	Li	Be	B	C	N	O	F	Ne

なな	まが	り	シッ	プ	ス	クラ	ー	ク	か
Na	Mg	Al	Si	P	S	Cl	Ar	K	Ca

元素の周期表

周期＼族	1	2	3	4	5	6	7	8	9	10	11	12	13	14	15	16	17	18
1	1 H 水素 1.0																	2 He ヘリウム 4.0
2	3 Li リチウム 6.9	4 Be ベリリウム 9.0											5 B ホウ素 11	6 C 炭素 12	7 N 窒素 14	8 O 酸素 16	9 F フッ素 19	10 Ne ネオン 20
3	11 Na ナトリウム 23	12 Mg マグネシウム 24											13 Al アルミニウム 27	14 Si ケイ素 28	15 P リン 31	16 S 硫黄 32	17 Cl 塩素 35.5	18 Ar アルゴン 40
4	19 K カリウム 39	20 Ca カルシウム 40	21 Sc スカンジウム 45	22 Ti チタン 48	23 V バナジウム 51	24 Cr クロム 52	25 Mn マンガン 55	26 Fe 鉄 56	27 Co コバルト 59	28 Ni ニッケル 59	29 Cu 銅 63.5	30 Zn 亜鉛 65.4	31 Ga ガリウム 70	32 Ge ゲルマニウム 73	33 As ヒ素 75	34 Se セレン 79	35 Br 臭素 80	36 Kr クリプトン 84
5	37 Rb ルビジウム 85.5	38 Sr ストロンチウム 88	39 Y イットリウム 89	40 Zr ジルコニウム 91	41 Nb ニオブ 93	42 Mo モリブデン 96	43 Tc テクネチウム (99)	44 Ru ルテニウム 101	45 Rh ロジウム 103	46 Pd パラジウム 106	47 Ag 銀 108	48 Cd カドミウム 112	49 In インジウム 115	50 Sn スズ 119	51 Sb アンチモン 122	52 Te テルル 128	53 I ヨウ素 127	54 Xe キセノン 131
6	55 Cs セシウム 133	56 Ba バリウム 137	57〜71 ランタノイド	72 Hf ハフニウム 178.5	73 Ta タンタル 181	74 W タングステン 184	75 Re レニウム 186	76 Os オスミウム 190	77 Ir イリジウム 192	78 Pt 白金 195	79 Au 金 197	80 Hg 水銀 201	81 Tl タリウム 204	82 Pb 鉛 207	83 Bi ビスマス 209	84 Po ポロニウム (210)	85 At アスタチン (210)	86 Rn ラドン (222)
7	87 Fr フランシウム (223)	88 Ra ラジウム (226)	89〜103 アクチノイド													ハロゲン元素		貴ガス元素

原子番号 ← 9
元素記号 ← F
元素名 ← フッ素
原子量 ← 19

RUB OUT ② ある程度の元素記号は書けるようにしておこう!!

この本についている赤いシートを活用して暗記しよう!!

① 水素 H　② ヘリウム He　③ リチウム Li　④ ベリリウム Be
⑤ ホウ素 B　⑥ 炭素 C　⑦ 窒素 N　⑧ 酸素 O
⑨ フッ素 F　⑩ ネオン Ne　⑪ ナトリウム Na　⑫ マグネシウム Mg
⑬ アルミニウム Al　⑭ ケイ素 Si　⑮ リン P　⑯ 硫黄 S
⑰ 塩素 Cl　⑱ アルゴン Ar　⑲ カリウム K　⑳ カルシウム Ca
㉑ クロム Cr　㉒ 鉄 Fe　㉓ ニッケル Ni　㉔ 銅 Cu
㉕ 亜鉛 Zn　㉖ 銀 Ag　㉗ スズ Sn　㉘ バリウム Ba
㉙ 白金 Pt　㉚ 金 Au　㉛ 水銀 Hg　㉜ 鉛 Pb

①～⑳までは原子番号どおりです。㉑～㉜は原子番号とは無関係です。

RUB OUT ③ ある程度の化学式も書けるようにしておこう!!

またまた赤いシートの登場です。

① 水 H_2O　② 二酸化炭素 CO_2　③ 一酸化炭素 CO
④ 二酸化窒素 NO_2　⑤ 一酸化窒素 NO　⑥ 塩化ナトリウム $NaCl$
⑦ 水酸化ナトリウム $NaOH$　⑧ 水酸化カリウム KOH
⑨ 水酸化マグネシウム $Mg(OH)_2$　⑩ 水酸化カルシウム $Ca(OH)_2$
⑪ 塩酸 HCl　⑫ 硫酸 H_2SO_4　⑬ 硝酸 HNO_3
⑭ 酢酸 CH_3COOH　⑮ アンモニア NH_3　⑯ メタン CH_4
⑰ エタン C_2H_6　⑱ プロパン C_3H_8

②～⑤は名称のまんまですね。
⑦～⑩は規則があって，1族のNa，KのときはNaOH，KOH，
2族のMg，CaのときはMg(OH)₂，Ca(OH)₂となります。
⑯～⑱は，C_nH_{2n+2}のn＝1，2，3に対応します。いずれ詳しく学習しますが，先回りして覚えておくと何かとトクですよ。

RUB OUT ④ 原子と分子のお話です。ついでに元素も…

原子 ➡ すべての物質を構成する基本的な粒子です。

 この原子という粒子が集まることによりいろいろな物質ができているんだぜっ!!

分子 ➡ いくつかの原子が結合して分子となります。

例 酸素原子2個が結合して，酸素分子 O_2

オゾン原子3個が結合して，オゾン分子 O_3

水素原子2個と酸素原子1個が結合して，水分子 H_2O

 一般的に酸素といったら酸素分子 O_2 のことを指します。同様に水素といったら水素分子 H_2，窒素といったら窒素分子 N_2 を指します。わざわざ "……分子" といわないことが多いので，これからの学習で混乱しないように注意するべし。

補足コ～ナ～

周期表の一番右の18族(ヘリウム He，ネオン Ne，アルゴン Ar など)は，非常に安定したヤツで，他の原子と結合せず，原子1個だけで分子となります。

つまり，ヘリウム分子は He，ネオン分子は Ne，アルゴン分子は Ar と表され，このような連中を**単原子分子**と呼びます。

分子にならない物質 これは重要だぞ～っ!!

 鉄 Fe や銅 Cu などの**金属**

塩化ナトリウム NaCl や水酸化ナトリウム NaOH などの**イオン結晶**

金属やイオン結晶は，大量の原子が規則正しく結合し，どこまでが１つといった独立したイメージがない‼　つまり，分子をつくっていないと考えられます。

RUB OUT 5　分子式と組成式の違いを押さえろ‼

RUB OUT 4 で説明したように，**分子をつくる物質**と**分子をつくらない物質**があります。このことから…

分子式 ➡ **分子をつくる物質**を表現する化学式

　例　水 H_2O　　　酸素 O_2　　　硫酸 H_2SO_4　など

組成式 ➡ **分子をつくらない物質**を表現する化学式

　　　　　　構成する原子の個数比を表している。

　例　塩化ナトリウム $NaCl$　　　硝酸銀 $AgNO_3$

（Naの個数：Clの個数＝１：１）　（Agの個数：Nの個数：Oの個数＝１：１：３）

で‼　この分子式と組成式の見分け方でーす‼

周期表にあるすべての元素は，次の表のように**金属元素**と**非金属元素**に分けることができます。

非金属元素と金属元素の分布がこれだ～っ‼

	1	2	3	4	5	6	7	8	9	10	11	12	13	14	15	16	17	18
1	1 H 1.0																	2 He 4.0
2	3 Li 6.9	4 Be 9.0											5 B 11	6 C 12	7 N 14	8 O 16	9 F 19	10 Ne 20
3	11 Na 23	12 Mg 24											13 Al 27	14 Si 28	15 P 31	16 S 32	17 Cl 35.5	18 Ar 40
4	19 K 39	20 Ca 40	21 Sc 45	22 Ti 48	23 V 51	24 Cr 52	25 Mn 55	26 Fe 56	27 Co 59	28 Ni 59	29 Cu 63.5	30 Zn 65.4	31 Ga 70	32 Ge 73	33 As 75	34 Se 79	35 Br 80	36 Kr 84
5	37 Rb 85.5	38 Sr 88	39 Y 89	40 Zr 91	41 Nb 93	42 Mo 96	43 Tc (99)	44 Ru 101	45 Rh 103	46 Pd 106	47 Ag 108	48 Cd 112	49 In 115	50 Sn 119	51 Sb 122	52 Te 128	53 I 127	54 Xe 131
6	55 Cs 133	56 Ba 137	57～71 ランタノイド	72 Hf 178.5	73 Ta 181	74 W 184	75 Re 186	76 Os 190	77 Ir 192	78 Pt 195	79 Au 197	80 Hg 201	81 Tl 204	82 Pb 207	83 Bi 209	84 Po (210)	85 At (210)	86 Rn (222)
7	87 Fr (223)	88 Ra (226)	89～103 アクチノイド															

　非金属元素
　金属元素

このとき!!

非金属元素のみで表された化学式 ➡ **分子式**

非金属元素と金属元素がミックスされて表された化学式 ➡ **組成式**

　いずれしっかりとした理由で見分けがつくことですが，これを覚えておけば次のような問題は即解決です。

問題1 ── キソのキソ

次の(ア)〜(ケ)の化学式の中から，組成式であるものをすべて選べ。

(ア)　水 H_2O　　　　　　　　(イ)　エタノール C_2H_5OH

(ウ)　硝酸 HNO_3　　　　　　(エ)　二酸化炭素 CO_2

(オ)　塩化マグネシウム $MgCl_2$　(カ)　アンモニア NH_3

(キ)　硫酸銅 $CuSO_4$　　　　　(ク)　硫化水素 H_2S

(ケ)　炭酸カルシウム $CaCO_3$

ダイナミックポイント!!

(ア)　水 H_2O ➡ **H**も**O**も**非金属**　よって，分子式!!

(イ)　エタノール C_2H_5OH ➡ **C**も**H**も**O**も**非金属**　よって，分子式!!

(ウ)　硝酸 HNO_3 ➡ **H**も**N**も**O**も**非金属**　よって，分子式!!

(エ)　二酸化炭素 CO_2 ➡ **C**も**O**も**非金属**　よって，分子式!!

(オ)　塩化マグネシウム $MgCl_2$ ➡ **Mg**は**金属**，**Cl**は**非金属**　よって，**組成式**!!

(カ)　アンモニア NH_3 ➡ **N**も**H**も**非金属**　よって，分子式!!

(キ)　硫酸銅 $CuSO_4$ ➡ **Cu**は**金属**，**S**と**O**は**非金属**　よって，**組成式**!!

(ク)　硫化水素 H_2S ➡ **H**も**S**も**非金属**　よって，分子式!!

(ケ)　炭酸カルシウム $CaCO_3$ ➡ **Ca**は**金属**，**C**と**O**は**非金属**　よって，

組成式!!

解答でござる　(オ)，(キ)，(ケ)

ここでは軽く見分ける方法のみ学習していただきます。組成式のもっと深い意味はp.33にて…

準備コーナー

その **2**

物質って何だ!?

RUB OUT ① 物質の分類について

物質は次のように分類される‼

物質
- 純物質（じゅん）
  - 単体（たんたい）　例　水素H_2，酸素O_2，ナトリウムNa
  - 化合物（かごうぶつ）　例　水H_2O，二酸化炭素CO_2
    塩化マグネシウム$MgCl_2$
- 混合物　例　空気，海水，砂糖水

☝ 物質は "**純物質**"（他の物質が混じってない物質）と "**混合物**"（2種類以上の純物質が混じっている物質）に分類されます。

 　　　まず混合物のイメージをとらえよう‼

混合物の**例**はこれだ～っ‼

- ●水酸化ナトリウム水溶液　┐　**水溶液**といってしまったらオシマイ‼
- ●塩化カルシウム水溶液　　┘　水に溶かしたということだからバレバレの**混合物**‼

- ●アンモニア水　　　　　**水**といってしまっても同様です。
- ●過酸化水素水　　　　　水溶液と同じ意味ですぞ‼

- ●空気　← 窒素N_2，酸素O_2をはじめいろいろな気体が混合している‼
- ●海水　← 食塩水をさらにひどくした状況‼
- ●天然ガス　← いかにもいろいろと混ざってるっぽいね？
- ●岩石　← 純粋なわけないね‼

特定の化学式で表せない，妙に身近な連中が出てきたら…混合物と思ってOK‼

- ●**塩酸**　← 塩酸はHClと表現しますが，じつは塩化水素HClという気体を水に溶かしたものを塩酸というんです‼

注 この**塩酸**に対して，硫酸H_2SO_4，硝酸HNO_3は**純物質**であることに気をつけよう‼　こいつらはもとから液体なのだ‼

まだ何かあるんですか!?

ところが!!

希硫酸や濃硫酸といった表現が登場したら，これは**混合物**であることを意味します。純物質である硫酸を水に溶かし，この濃度がうすいものを**希**硫酸，濃いものを**濃**硫酸と呼ぶのである。したがって，希硝酸，濃硝酸も同様に混合物である。

そこで，これらのイメージ以外のものが純物質ってわけだ。

特定の化学式で表現できるヤツら…酸素O_2，水H_2O，二酸化炭素CO_2，水酸化ナトリウム$NaOH$

で!! さらに**純物質**が "**単体**"（1種類の元素記号で表現されるもの!!）

例 水素H_2，酸素O_2，塩素Cl_2，ヘリウムHe，ナトリウムNa，鉄Fe，ニッケルNi

と "**化合物**"（2種類以上の元素記号で表現されるもの!!）に分けられる。

例 水H_2O，二酸化炭素CO_2，水酸化ナトリウム$NaOH$，硫酸銅$CuSO_4$

ではでは問題演習でーす!!

問題2 ── キソのキソ

次の(ア)〜(ソ)の中から，混合物であるものをすべて選べ。

(ア)	酸素	(イ)	フッ素	(ウ)	ネオン	(エ)	硫化水素	(オ)	塩酸
(カ)	硝酸	(キ)	希硫酸	(ク)	メタン	(ケ)	炭酸水	(コ)	石油
(サ)	ニッケル	(シ)	銅	(ス)	水酸化ナトリウム水溶液				
(セ)	水酸化カリウム		(ソ)	砂糖水					

ダイナミックポイント!!

p.11参照!!

(ア) 酸素はO_2で表されます。

(イ) フッ素はF_2で表されます。

(ウ) ネオンはNeで表されます。

いずれ主役級に活躍する物質です。今のうちに化学式だけでも書けるようにしておこう。

(エ) 硫化水素はH_2Sで表されます。

(オ) 塩酸は**塩化水素**HClという気体を水に溶かしたものです。つまーり!!

混合物でしたね♥　そうです。要注意人物でした…。

(カ)　硝酸はHNO_3で表されます。

(キ)　硫酸自体はH_2SO_4で表現される純物質なのですが，㊎ 硫酸となっているので，水でうすめたという意味となります。つまり，**混合物!!**

(ク)　メタンはCH_4で表されます。

> こいつも，いずれ大活躍することに…。今のうちに化学式だけでも書けるように!!

(ケ)　炭酸水の"水"に注意!!　炭酸H_2CO_3を水に溶かしたという意味です。つまり，**混合物!!**

(コ)　石油…これはバリバリの**混合物**。純物質のわけがねぇ!!

(サ)　ニッケルはNiで表されます。

> おおっ!!

(シ)　銅はCuで表されます。

(ス)　水酸化ナトリウム水溶液の"水溶液"に注意!!
水酸化ナトリウム$NaOH$を水に溶かしたという意味です。つまり，**混合物!!**

(セ)　水酸化カリウムはKOHで表されます。

(ソ)　砂糖水の"水"に注意!!　あたりまえに**混合物!!**

以上より，解答は…

解答でござる　　(オ)，(キ)，(ケ)，(コ)，(ス)，(ソ)

RUB OUT 2　同素体について（どうそたい）

同じ元素からできている**単体**で，性質の異なるものを，互いに**同素体**であるという。

同素体をもつ，おもな元素は硫黄S，炭素C，酸素O，リンPの4つです。

SCOP（スコップ）　と覚えてください。

> ちなみにスコップの実際のスペルはSCOOPですよ!!

では，さらに深く掘り下げましょう♥
次にあげる名称は必ず覚えるべし‼

① 硫黄 S ➡ **斜方硫黄，単斜硫黄，ゴム状硫黄**

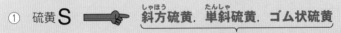

名称だけ暗記しておいてください‼

② 炭素 C ➡ **ダイヤモンド，黒鉛，フラーレン**

ダイヤモンド	黒鉛	フラーレン

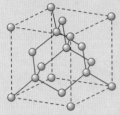

この複雑な構造により
ダイヤモンドは非常に
硬く電気を通さない。

この**層状構造**により黒
鉛はもろく，電気を通
す。

1985年に発見されたC_{60}の分
子式で表される球状分子。この
ような余計な発見によりわれわ
れ凡人の覚えることが増える

③ 酸素 O ➡ **酸素 O_2，オゾン O_3**

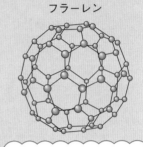

無色，無臭‼
超有名な気体です。

オゾンってやるねぇ…

淡青色，特異臭あり‼
ヨウ化カリウムデンプン紙を青変する‼

④ リン P ➡ **赤リン，黄リン**

黄リンに比べて特徴なし

空気中で自然発火，猛毒‼

単体でないといけないのか…

注 一酸化炭素 CO と二酸化炭素 CO_2 は確かに同じ元素からでき
ているが，単体ではなく化合物であるので，互いに同素体であ
るとはいいません‼

問題3 **キソのキソ**

　次の(ア)～(ク)の中から，互いに同素体である組み合わせをすべて選べ。

(ア)　酸素とオゾン　　　　　(イ)　ダイヤモンドと黒鉛

(ウ)　単斜硫黄とゴム状硫黄　(エ)　カルシウムとナトリウム

(オ)　赤リンと黄リン　　　　(カ)　一酸化窒素と二酸化窒素

(キ)　金と白金　　　　　　　(ク)　メタンとエタン

ダイナミックポイント!!

同素体といえば ➡ **SCOP**（スコップ）です!!

(ア)　酸素 O_2 とオゾン O_3 ➡ **SCOP**の**O**です!!

(イ)　ダイヤモンドと黒鉛 ➡ **SCOP**の**C**です!!

(ウ)　単斜硫黄とゴム状硫黄 ➡ **SCOP**の**S**です!!

(エ)　カルシウム Ca とナトリウム Na ➡ まったく違うものです。論外!!

(オ)　赤リンと黄リン ➡ **SCOP**の**P**です!!

(カ)　一酸化窒素 NO と二酸化窒素 NO_2 ➡ 同じ元素からできているが，**単体でなく化合物であるのでダメ!!**

(キ)　金 Au と白金 Pt ➡ まったく違うものです。これも論外!!

(ク)　メタン CH_4 とエタン C_2H_6 ➡ 同じ元素からできているが，**単体ではなく化合物であるのでダメ!!**

以上から…

楽勝だぜ!!

解答でござる (ア)，(イ)，(ウ)，(オ)

準備コーナー

その3 イオンのお話です

基本的なことが超ヤバな人は，同じシリーズの坂田アキラの『化学基礎』と『化学［理論化学編］』を買わなきゃダメだよっ！

RUB OUT ① イオンの生成

原子の電子配置のお話については大丈夫ですかーっ??　貴ガス（18族のことです!!）原子の電子配置は安定な電子配置でしたね♥　つまり，貴ガス原子がもつ電子配置（貴ガス型電子配置）はある意味，理想的なわけです。

そこで!!

貴ガス原子でない原子たちは，この理想的な貴ガス型電子配置になることを夢見て努力を始めます。やはり不安定な立場より安定した立場が望ましいのでしょうか…。では，例をあげて解説しましょう。

例1 ナトリウム（$_{11}Na$）原子の場合

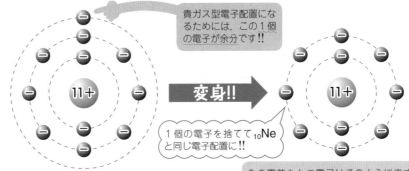

貴ガス型電子配置になるためには，この1個の電子が余分です!!

変身!!

1個の電子を捨てて$_{10}Ne$と同じ電子配置に!!

これをカッコよく化学式で表すと…

負の電荷をもつ電子はこのように表す。eの由来は電子の英語名electronより

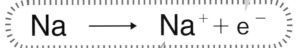

$$Na \longrightarrow Na^+ + e^-$$

陽子の数＝電子の数であったのだが，1個の電子を放出してしまったので原子全体として電気的に，$+11-10=+1$となる。このとき，Na^{1+}とせずNa^+と表します。

例2　カルシウム（$_{20}$Ca）原子の場合

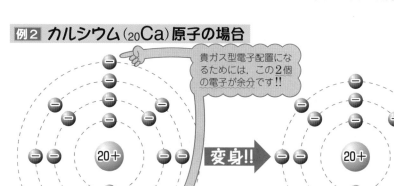

これをカッコよく化学式で表すと…

$$Ca \longrightarrow Ca^{2+} + 2e^-$$

2個の電子を放出してしまったので原子全体として電気的に，＋20－18＝＋2となる。Ca^{++}とせずCa^{2+}と表します。

2個の電子を放出しました!!

例3　フッ素（$_9$F）原子の場合

そんなに安定したいの!?

これをカッコよく化学式で表すと…

$$F + e^- \longrightarrow F^-$$

1個の電子を受け取る!!
受け取るときはe$^-$を左辺に書きます!!

1個の電子を受け取ったので全体として電気的に，＋9－10＝－1となる。

例4 硫黄(₁₆S)原子の場合

これをカッコよく化学式で表すと…

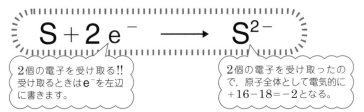

2個の電子を受け取る!!
受け取るときはe⁻を左辺
に書きます。

2個の電子を受け取ったの
で，原子全体として電気的に
＋16−18＝−2となる。

で!! これらのように，電子のやりとりにより安定した電子配置となった原子を**イオン**という。さらに Na^+ や Ca^{2+} のように正に帯電したイオンを**陽イオン**，F^- や S^{2-} のように負に帯電したイオンを**陰イオン**と呼びます。さらに原子がイオンになることを**イオン化**といいます。

注 "安定した電子配置＝貴ガス型電子配置"であることを大前提に解説してまいりましたが，イオン化することにより貴ガス型電子配置になるというのは，**典型元素**の原子だけに当てはまるお話なんです。いずれ詳しくやる内容ですが，元素は**典型元素**と**遷移元素**に分けられ，**遷移元素**の原子がイオン化するときは，高校課程では説明できない，複雑な話になります。例えば，**遷移元素**のAg原子がイオン化すると Ag^+ に，Cu原子がイオン化すると Cu^{2+} になります。

これは暗記するしかないんですよ…。この辺のお話は大学に入ってから修得してください。

ちなみに，典型元素と遷移元素の住み分けは，次のとおりです。

典型元素 と 遷移元素

周期＼族	1	2	3	4	5	6	7	8	9	10	11	12	13	14	15	16	17	18
1	1 H 水素 1.0																	2 He ヘリウム 4.0
2	3 Li リチウム 6.9	4 Be ベリリウム 9.0											5 B ホウ素 11	6 C 炭素 12	7 N 窒素 14	8 O 酸素 16	9 F フッ素 19	10 Ne ネオン 20
3	11 Na ナトリウム 23	12 Mg マグネシウム 24											13 Al アルミニウム 27	14 Si ケイ素 28	15 P リン 31	16 S 硫黄 32	17 Cl 塩素 35.5	18 Ar アルゴン 40
4	19 K カリウム 39	20 Ca カルシウム 40	21 Sc スカンジウム 45	22 Ti チタン 48	23 V バナジウム 51	24 Cr クロム 52	25 Mn マンガン 55	26 Fe 鉄 56	27 Co コバルト 59	28 Ni ニッケル 59	29 Cu 銅 63.5	30 Zn 亜鉛 65.4	31 Ga ガリウム 70	32 Ge ゲルマニウム 73	33 As ヒ素 75	34 Se セレン 79	35 Br 臭素 80	36 Kr クリプトン 84
5	37 Rb ルビジウム 85.5	38 Sr ストロンチウム 88	39 Y イットリウム 89	40 Zr ジルコニウム 91	41 Nb ニオブ 93	42 Mo モリブデン 96	43 Tc テクネチウム (99)	44 Ru ルテニウム 101	45 Rh ロジウム 103	46 Pd パラジウム 106	47 Ag 銀 108	48 Cd カドミウム 112	49 In インジウム 115	50 Sn スズ 119	51 Sb アンチモン 122	52 Te テルル 128	53 I ヨウ素 127	54 Xe キセノン 131
6	55 Cs セシウム 133	56 Ba バリウム 137	57～71 ランタ ノイド	72 Hf ハフニウム 178.5	73 Ta タンタル 181	74 W タングステン 184	75 Re レニウム 186	76 Os オスミウム 190	77 Ir イリジウム 192	78 Pt 白金 195	79 Au 金 197	80 Hg 水銀 201	81 Tl タリウム 204	82 Pb 鉛 207	83 Bi ビスマス 209	84 Po ポロニウム (210)	85 At アスタチン (210)	86 Rn ラドン (222)
7	87 Fr フランシウム (223)	88 Ra ラジウム (226)	89～103 アクチ ノイド														ハロゲン元素	貴ガス元素

凡例（元素記号の読み方）:
9 ← 原子番号
F ← 元素記号
フッ素 ← 元 素 名
19 ← 原 子 量

典型元素

遷移元素

化学って奥が深いねぇ…

それでは，まとめておきましょう。

ザ・まとめ

典型元素の原子がイオン化すると，貴ガス型電子配置になる!!

あくまでも典型元素の原子の話だぞ!!　遷移元素の原子はそうはいかないぜっ♥

問題4 ── キソのキソ

次の(1)〜(8)の原子がイオン化するときの化学反応式を書け。

(1) Li (2) Be (3) O (4) Mg

(5) Al (6) Cl (7) K (8) H

⟨解答でござる⟩

(1) $Li \longrightarrow Li^+ + e^-$

$+3-2=+1$

1個の電子を放出して $_2He$ と同じ電子配置に!!

(2) $Be \longrightarrow Be^{2+} + 2e^-$

$+4-2=+2$

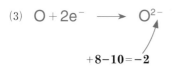

2個の電子を放出して $_2He$ と同じ電子配置に!!

(3) $O + 2e^- \longrightarrow O^{2-}$

$+8-10=-2$

2個の電子を受け取って $_{10}Ne$ と同じ電子配置に!!

(4) $Mg \longrightarrow Mg^{2+} + 2e^-$

$+12-10=+2$

2個の電子を放出して $_{10}Ne$ と同じ電子配置に!!

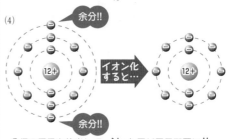

(5) $\text{Al} \longrightarrow \text{Al}^{3+} + 3e^-$

$+13 - 10 = +3$

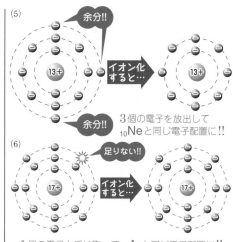

3個の電子を放出して
$_{10}\text{Ne}$ と同じ電子配置に!!

(6) $\text{Cl} + e^- \longrightarrow \text{Cl}^-$

$+17 - 18 = -1$

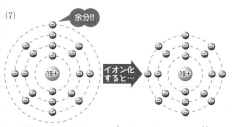

1個の電子を受け取って $_{18}\text{Ar}$ と同じ電子配置に!!

(7) $\text{K} \longrightarrow \text{K}^+ + e^-$

$+19 - 18 = +1$

1個の電子を放出して $_{18}\text{Ar}$ と同じ電子配置に!!

(8) $\text{H} \longrightarrow \text{H}^+ + e^-$
または
$\text{H} + e^- \longrightarrow \text{H}^-$

H原子は2通りにイオン化します。H^+ が主流ですが H^- の可能性もあることに注意しましょう!!

H^- はLiH（水素化リチウム）やNaH（水素化ナトリウム）の結晶の中に存在するのだよ。

電子がなくなり原子核だけになってしまう。

1個の電子を受け取って $_2\text{He}$ と同じ電子配置に!!

RUB OUT 2 イオンたちの名前のつけ方

名前は大切だよ♥

　Na^+のような陽イオンの場合はNaがナトリウムであることから，そのまんまナトリウムイオンと呼びます。Cl^-のような陰イオンの場合はClが塩素であることから，塩化物イオンと○化物イオンってな呼び方をします。

陽イオン

化学式	イオンの名称
H^+	水素イオン
Li^+	リチウムイオン
Be^{2+}	ベリリウムイオン
Na^+	ナトリウムイオン
Mg^{2+}	マグネシウムイオン
Al^{3+}	アルミニウムイオン
K^+	カリウムイオン
Ca^{2+}	カルシウムイオン

陰イオン

化学式	イオンの名称
O^{2-}	酸化物イオン
F^-	フッ化物イオン
S^{2-}	硫化物イオン
Cl^-	塩化物イオン
H^-	水素化物イオン

p.23参照!!　マイナーですが…

Oは酸素だから酸化物
Fはフッ素だからフッ化物
Sは硫黄だから硫化物

1価or2価or3価??

RUB OUT 3 イオンの価数について

　イオンの電荷を表す数をイオンの価数といいます。例えばLi^+は1価の陽イオン，Mg^{2+}は2価の陽イオン，Al^{3+}は3価の陽イオン，Cl^-は1価の陰イオン，O^{2-}は2価の陰イオンです。

RUB OUT ④ 多原子イオンについて

今のうちに知っておいた方が得だよ!!

　2個以上の原子が結合した原子団が電子のやりとりをしてイオン化した陽イオンや陰イオンを多原子イオンと呼びます。この代表例を次の表にあげておきます。多原子イオンについては名称，価数ともに理屈ぬきで覚えておきましょう。赤いシートの登場だぁーっ!!

イオンの名称	化学式
アンモニウムイオン	NH_4^+
水酸化物イオン	OH^-
硝酸イオン	NO_3^-
硫酸イオン	SO_4^{2-}

イオンの名称	化学式
炭酸イオン	CO_3^{2-}
リン酸イオン	PO_4^{3-}
酢酸イオン	CH_3COO^-
炭酸水素イオン	HCO_3^-
硫酸水素イオン	HSO_4^-

とりあえず覚えておくかぁ…

準備コーナー
その4 共有結合のお話

原子間の結合四天王，**イオン結合**，**共有結合**，**金属結合**，**配位結合**のうちのひとつです。

オレの出番だ!!

化学結合についての詳しいお話は『化学［理論化学編］』を参照せよ!!

共有結合

原子間で最外殻電子(価電子)を出し合い**共有**することにより結びつく結合を**共有結合**と申します。ちなみに**非金属元素どうしの結合**はすべてこの共有結合によるものです。

例 H_2 O_2 H_2O CO_2 NH_3 HCl SO_2 CS_2

非金属どうし　非金属どうし　非金属どうし　非金属どうし

非金属どうし　非金属どうし　非金属どうし　非金属どうし

例1 H_2O の場合

共有するところがミソ

H・ と H・ と ・Ö: が不対電子を**共有**して結合します。

不対電子　不対電子　不対電子　不対電子

そこで!!

不対電子をお互いに共有するわけだね!!

全員が安定した状況になるためには…

H:O:H

このように電子を共有し合えばHは電子2個で満タン!!

Oも電子8個で満タンになります。つまり安定します。

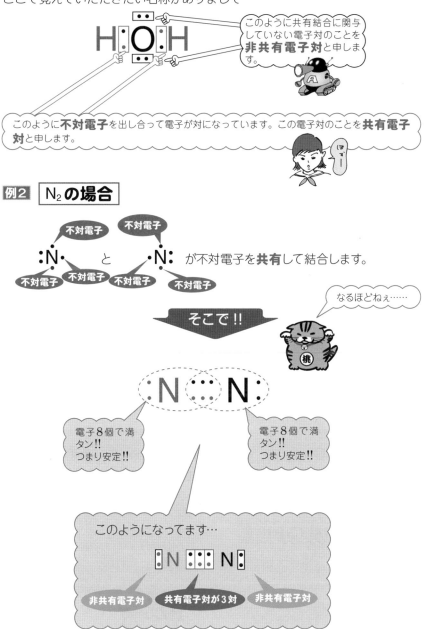

ここで覚えていただきたい名称がありまして…

H:O:H

このように共有結合に関与していない電子対のことを**非共有電子対**と申します。

このように**不対電子**を出し合って電子が対になっています。この電子対のことを**共有電子対**と申します。

例2　**N₂の場合**

不対電子　不対電子

:N・　と　・N:　が不対電子を**共有**して結合します。

不対電子　不対電子　不対電子　不対電子

なるほどねぇ……

そこで!!

:N:::N:

電子8個で満タン!!
つまり安定!!

電子8個で満タン!!
つまり安定!!

このようになってます…

N::::N

非共有電子対　　共有電子対が3対　　非共有電子対

このあたりで**構造式**の書き方も押さえておこう‼

構造式の書き方‼

このあたりで大切な大切な構造式の書き方を…

1つの共有電子対を線（価標_{かひょう}と呼ばれます）で表現したものです。

例1 の H_2O では…

H:O:H

共有電子対　　共有電子対

構造式にすると…

H — O — H

この棒を**価標**といいます。

例2 の N_2 では…

:N⫶⫶N:

共有電子対が3ペア！

構造式にすると…

N≡N

3ペアなので価標も**3本**‼
三重結合といいます‼

では，練習です‼

問題5 ─ キソ

次の分子の電子式と構造式を書け。

(1) 水素 H_2　　　(2) 塩素 Cl_2　　　(3) 酸素 O_2

(4) 塩化水素 HCl　(5) 硫化水素 H_2S　(6) アンモニア NH_3

(7) メタン CH_4　　(8) 二酸化炭素 CO_2

▶ **ダイナミックポイント‼**

水素原子（**H**）は，電子**2個**で満タン（安定する）。それ以外の原子は電子**8個**で満タン（安定する）。

もちろん‼ 最外殻電子のお話ですよ‼

水素だけ2個か…

解答でござる

	電子式	構造式
(1)	H:H	H–H
(2)	:C̈l : C̈l:	Cl–Cl
(3)	Ö::Ö	O＝O
(4)	H:C̈l:	H–Cl
(5)	H:S̈:H	H–S–H
(6)	H:N̈:H 　H	H–N–H 　H
(7)	H H:C̈:H 　H	H H–C–H 　H
(8)	:Ö::C::Ö:	O＝C＝O

共有電子対

H:H
↓
H–H

共有電子対

:C̈l:C̈l:
↓
Cl–Cl

共有電子対が2対!!

Ö::Ö
↓
O＝O

二重結合

共有電子対

H:C̈l:
↓
H–Cl

共有電子対　共有電子対

H:S̈:H
↓
H–S–H

共有電子対

H:C̈:H
　H
↓
　H
H–C–H
　H

共有電子対

共有電子対が2対!!　共有電子対が2対!!

:Ö::C::Ö:
↓
O＝C＝O

二重結合　二重結合

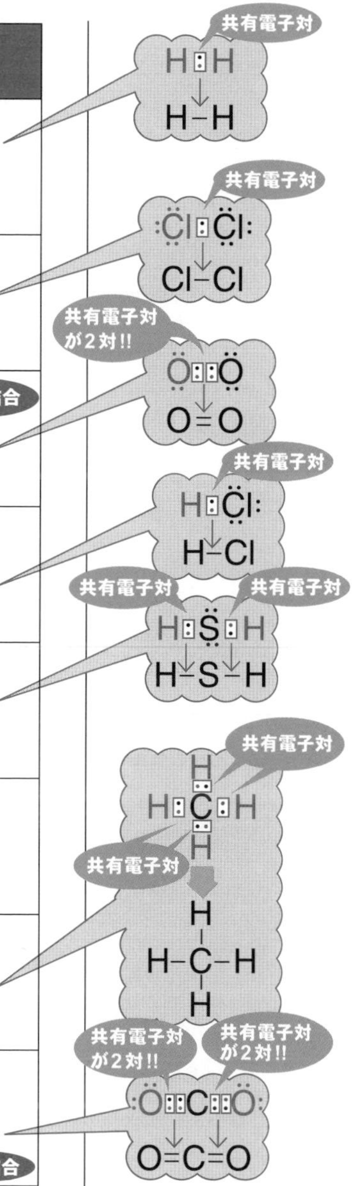

第1章

いちばん
大切だぞーっ!!

有機化合物
と
高分子化合物
の巻

ぼずー

Theme 1 有機化合物の意味と構造

> 有機化合物はCが骨格の中心をなす!!

RUB OUT 1 有機化合物と無機物質

有機化合物 ➡ 炭素Cを含む化合物

無機物質 ➡ 炭素C以外の元素からなる化合物
（ただし，CO，CO_2，$CaCO_3$，KCNなどは炭素C
を含むものの無機物質として扱いまーす!!）

RUB OUT 2 官能基（かんのうき）を覚えてください!!

> いきなりかい!?

官能基とは特有な性質を示す基（部品のようなものです）で，同じ官能基をもつ有機化合物は共通の性質をもちます!!

先に，この官能基を覚えておくと，これからの見通しが明るくなります。

官　能　基		分　　類	例	性　　質
ヒドロキシ基	$-OH$	アルコール	**メタノール** CH_3OH **エタノール** C_2H_5OH	ナトリウムと反応してH₂を発生する
		フェノール類	**フェノール** ⬡$-OH$	ナトリウムと反応してH_2を発生する **弱酸性**
ホルミル基 （アルデヒド基）	$-CHO$ $\left(-\overset{\mid}{\underset{\mid}{C}}-H\right)$ O	アルデヒド	**ホルムアルデヒド** $HCHO$ **アセトアルデヒド** CH_3CHO **ベンズアルデヒド** ⬡$-CHO$	還元性あり!!
カルボキシ基	$-COOH$ $\left(-\overset{\mid}{\underset{\mid}{C}}-O-H\right)$ O	カルボン酸	**ギ酸** $HCOOH$ **酢酸** CH_3COOH **安息香酸** ⬡$-COOH$	酸性!!
カルボニル基 （ケトン基）	$-CO-$ $\left(-\overset{\mid}{\underset{\mid}{C}}-\right)$ O	ケトン	**アセトン** CH_3COCH_3 **エチルメチルケトン** 　　　　$CH_3COC_2H_5$ **ジエチルケトン** 　　　　$C_2H_5COC_2H_5$	特に何もないところが特徴 えーっ!!

アミノ基	$-NH_2$ $\left(\begin{array}{c}-N-H \\ \| \\ H\end{array}\right)$	アミン	**アニリン** ⬡$-NH_2$	**弱塩基性!!**
ニトロ基	$-NO_2$ (複雑ゆえ，詳しく表現する必要はない!!)	ニトロ化合物	**ニトロベンゼン** ⬡$-NO_2$	爆発性あり。火薬に用いられる 爆発だーっ!!
スルホ基	$-SO_3H$ (複雑ゆえ，詳しく表現する必要はない!!)	スルホン酸	**ベンゼンスルホン酸** ⬡$-SO_3H$	**強酸性!!**
エステル結合	$-COO-$ $\left(\begin{array}{c}-C-O- \\ \| \\ O\end{array}\right)$	エステル	**酢酸エチル** $CH_3COOC_2H_5$ **ギ酸メチル** $HCOOCH_3$	加水分解する
エーテル結合	$-O-$	エーテル	**ジメチルエーテル** CH_3OCH_3 **ジエチルエーテル** $C_2H_5OC_2H_5$ **エチルメチルエーテル** $CH_3OC_2H_5$	特に何もないところが特徴 えーっ!!

いきなりいろいろ登場して面くらってる人もいるのかな?? ⬡って何だよーっ?? みたいにね。まぁ，これから順番に学習していくから安心してください!!

安心します…

RUB OUT ③ 構造式と示性式と分子式と組成式(実験式)

　有機化合物の結合は**共有結合**が中心です。そこで，次の代表的な部品が!!
（共有結合と価標の話は p.26「準備コーナー その4」参照。）

| Cは価標が4つ | Hは価標が1つ | Oは価標が2つ | Nは価標が3つ |

$$-\overset{|}{\underset{|}{C}}- \qquad H- \qquad -O- \qquad -\overset{|}{\underset{|}{N}}-$$

　例えば，この部品を組み合わせて，次のような有機化合物ができます。

$$H-\overset{\overset{H}{|}}{\underset{\underset{H}{|}}{C}}-\overset{\overset{H}{|}}{C}=\overset{\overset{H}{|}}{C}-O-\overset{\overset{H}{|}}{\underset{\underset{H}{|}}{C}}-\overset{\overset{H}{|}}{\underset{\underset{H}{|}}{C}}-\overset{\overset{O}{\|}}{C}-O-H$$

　このように，すべての価標を省略せずに表現した式を**構造式**と申します。

しかしながら，いちいち構造式を書くのは面倒です。そこで，いろいろな表現方法があります。

例1

> **構造式**では価標をまったく省略しないで表現!!

構 造 式	H H H H | | | | H−C−C−C−C−H | | | | H H H H
示 性 式	$CH_3-CH_2-CH_2-CH_3$
分 子 式	C_4H_{10}
組 成 式 （実験式）	C_2H_5

> H H H H
\| \| \| \|
H−C−C−C−C−H
\| \| \| \|
H H H H
↓ ↓ ↓ ↓
$CH_3-CH_2-CH_2-CH_3$
Cごとに区切って，その**C**と結合している**H**を隣りに書いて表現します。これが**示性式**です。

> 構造を無視し，分子を構成する原子の個数のみを表現!!

> 分子を構成する原子の個数の比だけを表す!! 4：10＝2：5です。

例2

構 造 式	H H H H | | | | H−C−C＝C−O−C−H | | H H
示 性 式	$CH_3CH＝CHOCH_3$
分 子 式	C_4H_8O
組 成 式 （実験式）	C_4H_8O

> 示性式の書き方!!
H H H H
\| \| \| \|
H−C−C＝C−O−C−H
\| \|
H H
↓ ↓ ↓ ↓
$CH_3-CH＝CH-O-CH_3$
二重結合は残して表現します!!
$CH_3CH＝CHOCH_3$

> 分子式は
$C_lH_mO_n$の順に書きます。

> 4：8：1はこれ以上簡単になりません。よって今回は組成式と分子式が同じになります。

では練習です‼

問題6 ── キソのキソ

次の(1)〜(4)の構造式で表される有機化合物の示性式，分子式，組成式を書け。

(1)
```
     H   H   H
     |   |   |
 H – C = C – C – H
             |
             H
```

(2)
```
     H   H
     |   |
 H – C – C – C – O – H
     |   |   ‖
     H   H   O
```

(3)
```
     H   H   H
     |   |   |
 H – C – C – C – O – H
     |   |   |
     |   |   H
     H – C – C – H
         |   |
         H   H
```

(4)
```
     H   H           H
     |   |           |
 H – C – C – C ≡ C – C – H
     |   |           |
     H   H           H
         |
     H – C – H
         |
         H
```

◈ 解答でござる ◈

(1)　示性式　**CH₂ = CHCH₃**
　　　分子式　**C₃H₆**
　　　組成式　**CH₂**

(1)
```
     H   H   H
     |   |   |
 H – C ┆ C ┆ C – H
     ↓   ↓   ↓
  CH₂=CH–CH₃
```
二重結合は残して表現‼
CH₂ = CHCH₃

(2)　示性式　**CH₃CH₂COOH**
　　　　　　（**C₂H₅COOH**）
　　　分子式　**C₃H₆O₂**
　　　組成式　**C₃H₆O₂**

(2)
```
     H   H
     |   |
 H – C ┆ C ┆ C – O – H
     |   |   ‖
     H   H   O
     ↓   ↓   ↓
  CH₃–CH₂–COOH
```
p.32‼　官能基はまとめて表現‼

(3) CH₃CH₂–の部分は1通りの構造しかあり得ないので，まとめてC₂H₅–と表現してもOK‼

(3) 示性式 CH_2-CHCH_2OH
CH_2-CH_2

分子式 $C_5H_{10}O$

組成式 $C_5H_{10}O$

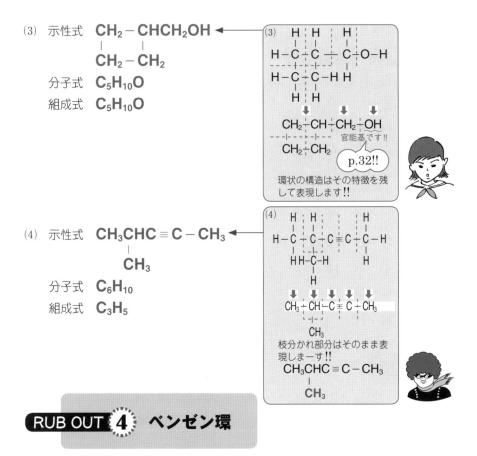

(4) 示性式 $CH_3CHC \equiv C-CH_3$
CH_3

分子式 C_6H_{10}

組成式 C_3H_5

RUB OUT 4 ベンゼン環

有機化合物を語るのには欠かせないものがあります。

ベンゼン

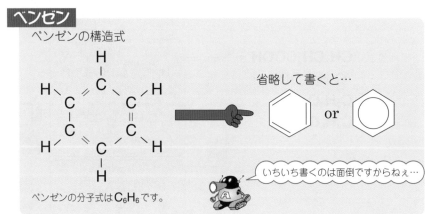

ベンゼンの構造式

省略して書くと…

or

いちいち書くのは面倒ですからねぇ…

ベンゼンの分子式はC_6H_6です。

このベンゼンの環状構造を特に**ベンゼン環**と呼びます。

ベンゼン環を含む構造式を書くにあたって，ポイントがあります。

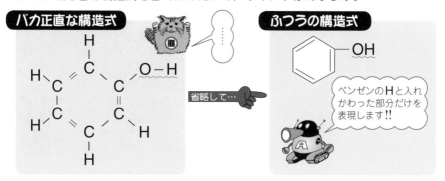

このベンゼン環が登場すると，構造式と示性式の境目があやふやになります

例えば…

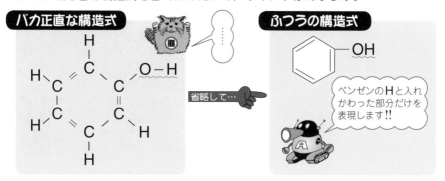

も **構造式**と呼びます。

で !! ◯の部分をC_6H_5とした$C_6H_5CH_3$が**示性式**です。

問題7 — キソのキソ

次のバカ正直な構造式で表された有機化合物を，簡略化した構造式に書き直せ!!

えーっ!!

(1)

(2)

《解答でござる》

(1)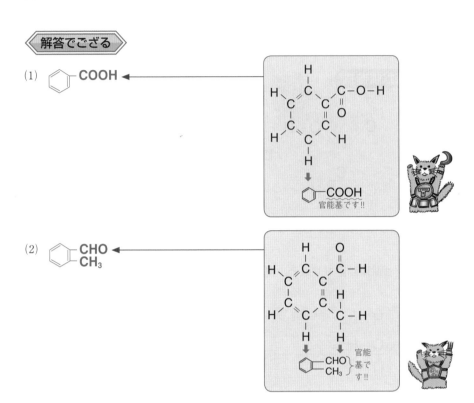

(2)

Theme 2　元素分析により組成式を決定せよ!!

　有機化合物中の主要元素(C, H, Oなど)の質量，もしくは質量の割合を決定する操作を**元素分析**といいます。

元素分析の方法

　C, H, Oのみからなる有機化合物Xがあったとします。

手順①　この有機化合物Xを**完全燃焼**(酸化)させる。

手順②　完全燃焼により生じた**H_2Oの質量**をはかる。
H_2O(水蒸気)を**$CaCl_2$(塩化カルシウム)**に吸収させる!!
質量が増加した分がまさにH_2Oの質量。

手順③　完全燃焼により生じた**CO_2の質量**をはかる。
CO_2(二酸化炭素)を**ソーダ石灰**に吸収させる!!
質量が増加した分がまさにCO_2の質量。

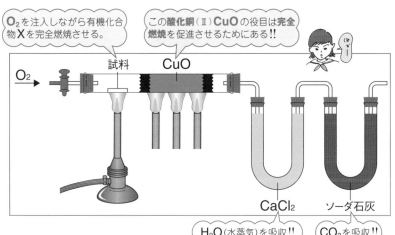

O_2を注入しながら有機化合物Xを完全燃焼させる。

この**酸化銅(Ⅱ)CuO**の役目は**完全燃焼**を促進させるためにある!!

O_2　試料　CuO

$CaCl_2$　ソーダ石灰

H_2O(水蒸気)を吸収!!　　CO_2を吸収!!

注 $CaCl_2$ が入った吸収管が<u>前</u>で，ソーダ石灰が入った吸収管が<u>後</u>です!! これを逆にしてしまうと，CO_2 が先に吸収されることはかまいませんが，水蒸気が水滴になるので H_2O も吸収されてしまいます。CO_2 と H_2O を完全に分けて吸収できなくなるので NG!!

では，どのようにして組成式が決定できるのでしょうか?? 問題を通して解説にまいりましょう。

問題8 ｜標準

炭素，水素，酸素よりなる有機化合物 $2.40mg$ を完全燃焼させたところ，二酸化炭素 $3.52mg$ と水 $1.44mg$ を生じた。このとき，次の各問いに答えよ。ただし，原子量は $H = 1.0$，$C = 12$，$O = 16$ とする。

(1) この有機化合物中に含まれる炭素の質量を求めよ。

(2) この有機化合物中に含まれる水素の質量を求めよ。

(3) この有機化合物中に含まれる酸素の質量を求めよ。

(4) この有機化合物の組成式を求めよ。

(5) この有機化合物の分子量が 60 であるとき，この有機化合物の分子式を求めよ。

ダイナミックポイント!!

ポイント!

① 有機化合物中の C の質量＝完全燃焼で得られた CO_2 の中の C の質量

② 有機化合物中の H の質量＝完全燃焼で得られた H_2O の中の H の質量

例えば…

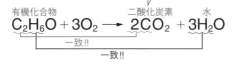
完全燃焼の反応式のつくり方は『化学基礎』Theme **19** 参照!!

のように，C と H に関しては外部から入り込む心配なし!! よって，**ポイント!** の①，②が成立する!!

では，これをヒントに　Let's Try!!

(1) $\dfrac{C}{CO_2} = \dfrac{12}{12 + 16 \times 2} = \dfrac{12}{44}$

> CO_2の質量に対するCの質量の割合です。

よって，CO_2 3.52mg中に含まれるCの質量は，

$3.52 \times \dfrac{12}{44} = 0.96\,(\mathrm{mg})$

> 苦手な人は…
> $CO_2 : C$
> $44 : 12 = 3.52\,(mg) : x\,(mg)$
> $44x = 12 \times 3.52$
> $\therefore\ x = 0.96\,(mg)$
> のように比で解いてもOK!!

つまり，この有機化合物中に含まれるCの質量は，

0.96mg …(答)

> ダイナミックポイント!!
> ポイント! ①参照!!

> H_2O中にHは2つ!!

(2) $\dfrac{2H}{H_2O} = \dfrac{2 \times 1.0}{1.0 \times 2 + 16} = \dfrac{2}{18}$

> H_2Oの質量に対するHの質量の割合です。

よって，H_2O 1.44mg中に含まれるHの質量は，

$1.44 \times \dfrac{2}{18} = 0.16\,(\mathrm{mg})$

> 苦手な人は…
> $H_2O : 2H$
> $18 : 2 = 1.44\,(mg) : x\,(mg)$
> $18x = 2 \times 1.44$
> $\therefore\ x = 0.16\,(mg)$
> のように比で解いてもOK!!

つまり，この有機化合物に含まれるHの質量は，

0.16mg …(答)

> この有機化合物の質量
> ＝Cの質量＋Hの質量＋Oの質量

(3) (1)，(2)より，この有機化合物に含まれるOの質量は，

$2.40 - 0.96 - 0.16 = \underline{1.28\,(\mathrm{mg})}$ …(答)

> よって!!
> Oの質量
> ＝(この有機化合物の質量) − (Cの質量) − (Hの質量)

(4) (1)，(2)，(3)の結果から，この有機化合物中において，

Cの物質量：Hの物質量：Oの物質量

> 物質量(モル数)を求めるときと同じ要領です!!　原子量で割ればOK!!

$= \dfrac{0.96}{12} : \dfrac{0.16}{1.0} : \dfrac{1.28}{16}$

$= \dfrac{96}{12} : \dfrac{16}{1} : \dfrac{128}{16}$

$= 8 : 16 : 8$

$= 1 : 2 : 1$

> コツ
> 組成式を$C_xH_yO_z$とすると，
> $x : y : z = \dfrac{Cの質量}{12} : \dfrac{Hの質量}{1.0} : \dfrac{Oの質量}{16}$

よって，この有機化合物の組成式は，

$$CH_2O \quad \cdots (答)$$

組成式は，あくまでも構成原子の数の比を最も簡単な整数の比で表したものです。

(5) $CH_2O = 12 + 1.0 \times 2 + 16 = 30$

式量です。

さらに，この有機化合物の分子量が60より，

$$60 \div 30 = 2$$

よって，この有機化合物の分子式は，

$$(CH_2O)_2 = C_2H_4O_2 \quad \cdots (答)$$

$(CH_2O)_2 = 60$

$\dfrac{60}{30}$ これが求まった!!

┌ プロフィール ─────────

みっちゃん（17才）

究極の癒し系!!　あまり勉強は得意ではないようだが，「やればデキる!!」タイプ♥
「みっちゃん」と一緒に頑張ろうぜ!!

┌ プロフィール ─────────

オムちゃん

5匹の猫を飼う謎の女性!
実は未来のみっちゃんです。
高校生時代の自分が心配になってしまい様子を見にタイムマシーンで……

Theme 3　炭化水素のお話

CとHだけでできてます!!

　有機化合物の中で，炭素Cと水素Hだけからできているものを**炭化水素**と呼びます。この中で代表的なグループについて学習していきましょう!!

RUB OUT 1　アルカン

環状構造でない!!

　炭化水素の中で炭素間の結合がすべて単結合で，しかも鎖状構造であるものを**アルカン**と呼びます。アルカンの分子式は必ずC_nH_{2n+2}で表されます。ただし，$n = 1, 2, 3, 4, \cdots\cdots$です。

例　$n = 5$のとき，分子式はC_5H_{12}となります。このときのアルカンの構造は…

$$CH_3CH_2CH_2CH_2CH_3 \quad \text{or} \quad CH_3CHCH_2CH_3$$
$$\underset{}{}CH_3$$

枝分かれ1つ

or　$CH_3-\overset{\displaystyle CH_3}{\underset{\displaystyle CH_3}{C}}-CH_3$

枝分かれ2つ

の3種類あります。このように分子式が同じで構造式が異なる化合物どうしを**異性体**と呼びます。

注　$CH_3CHCH_2CH_3$と$CH_3CH_2CHCH_3$は，同一の化合物!!
　　　　CH_3　　　　　　　　CH_3

左右逆にして見てみると同じでしょ!?　さらに…

$CH_3CH_2CH_2CH_2CH_3$と$CH_2CH_2CH_2CH_3$も，同一の化合物です!!
　　　　　　　　　　　　　　　　　CH_3

$CH_2CH_2CH_2$ (CH$_3$)

ここをもって引っ張ると…

(CH$_3$)

(CH$_3$)$CH_2CH_2CH_2$(CH$_3$)となります!!

同じだーっ!!

最初のうちは，じつは同一の化合物が違って見えたりしますよ!!

$n = 1,\ 2,\ 3,\ 4,\ \cdots\cdots$ とすると,

n	分子式 (C_nH_{2n+2})	名称
1	CH_4	メタン
2	C_2H_6	エタン
3	C_3H_8	プロパン
4	C_4H_{10}	ブタン
5	C_5H_{12}	ペンタン
6	C_6H_{14}	ヘキサン
7	C_7H_{16}	ヘプタン
8	C_8H_{18}	オクタン
9	C_9H_{20}	ノナン
10	$C_{10}H_{22}$	デカン
⋮	⋮	⋮

ヘキサゴンのヘキサです!!

$n=6$のヘキサンまでは覚えておこう!!

沸点・融点について

nに当てはまる数が大きくなるにつれて,沸点や融点は高くなる。つまり,分子量が大きいほうが沸点や融点が高いということです!! 重いほうがバラバラになりにくいということですね。

ちなみに,

$n=1\sim4$ ➡ 常温で気体
$n=5\sim16$ ➡ 常温で液体
$n=17\sim$ ➡ 常温で固体

置換反応について

アルカンに光照射下もしくは高温下でCl_2などの**ハロゲン**(17族です!!)を作用させると,アルカン中の水素原子は,ハロゲン原子に置き換えられます。これを**置換反応**と呼びまーす。

☞ 置換反応の例です!!

メタンCH_4に光の下でCl_2を作用させると,次の①〜④のようにメタン中のH原子が次々とCl原子に置き換わる!!

① $CH_4 + Cl_2 \longrightarrow CH_3Cl + HCl$
　　メタン　　　　　　　クロロメタン

② $CH_3Cl + Cl_2 \longrightarrow CH_2Cl_2 + HCl$
　　　　　　　　　　　ジクロロメタン

二郎君のジです!!

③ $CH_2Cl_2 + Cl_2 \longrightarrow CHCl_3 + HCl$
　　　　　　　　　　トリクロロメタン(クロロホルム)

3人トリオの**トリ**です!!

④ $CHCl_3 + Cl_2 \longrightarrow CCl_4 + HCl$
　　　　　　　　　　テトラクロロメタン(四塩化炭素)

テトラポッド®の**テトラ**です!!(足が4つある!!)

メタンの立体構造

メタン**CH₄**は**正四面体**構造です!!

この話は大切だぞーっ!!

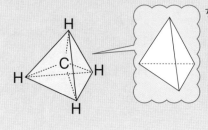

ちなみに, エタン**C₂H₆**の構造は…

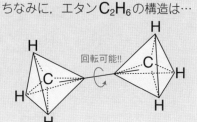

回転可能!!

☞ そこで!!

ジクロロメタン**CH₂Cl₂**の場合の構造は

$$\begin{array}{c} H \\ | \\ H-C-Cl \\ | \\ Cl \end{array} \quad でも \quad \begin{array}{c} Cl \\ | \\ H-C-H \\ | \\ Cl \end{array} \quad でもOKです。$$

理由は…

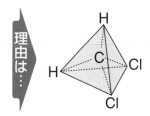

実際は左図のような立体構造ですから!!
C－Hの部分と**C－Cl**の部分とで腕の長さ
が違うので正四面体ではありませんが…

RUB OUT ② シクロアルカン

　炭化水素の中で炭素間の結合がすべて単結合で, しかも環状構造であるものを
シクロアルカンと呼びます。シクロアルカンの分子式は必ず**CₙH₂ₙ**で表され
ます。このとき$n = 3, 4, 5, \cdots$です。

環状をつくるためには最低でも3個の**C**が必要です!!

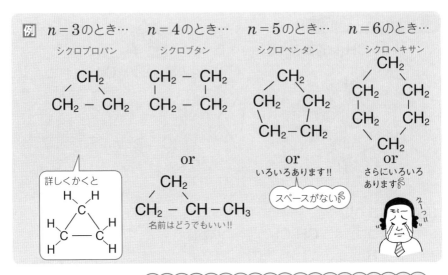

例 $n=3$のとき… $\quad$ $n=4$のとき… $\quad$ $n=5$のとき… $\quad$ $n=6$のとき…

シクロプロパン $\quad$ シクロブタン $\quad$ シクロペンタン $\quad$ シクロヘキサン

詳しくかくと

or

名前はどうでもいい!!

or

いろいろあります!!

スペースがない

or

さらにいろいろあります

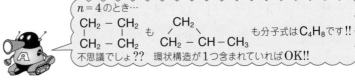

$n=4$のとき…

も $\quad$ も分子式はC_4H_8です!!

不思議でしょ?? $\quad$ 環状構造が1つ含まれていればOK!!

シクロヘキサンの構造

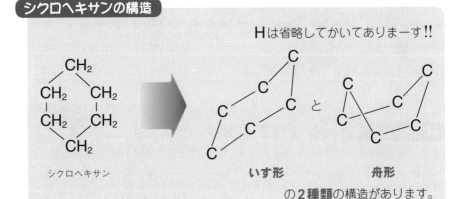

Hは省略してかいてありまーす!!

シクロヘキサン $\qquad$ **いす形** $\quad$ と $\quad$ **舟形**

の**2種類**の構造があります。

RUB OUT **3**　アルケン

> C = C

　炭化水素の中で，分子内の炭素原子間に二重結合を１つもつ鎖状構造の分子を**アルケン**と呼びます。アルケンの分子式は必ずC_nH_{2n}で表されます。このとき，$n = 2$，3，4，……です。

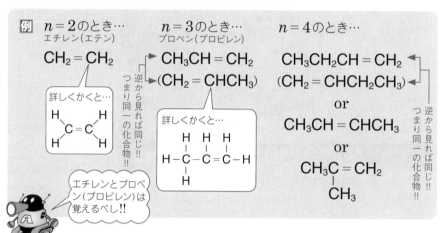

付加反応について

　アルケンは炭素間に二重結合をもちます。この二重結合のうち，切れやすい１本が切れ，そこに別の原子が結合します。これを**付加反応**（ふか）と呼びます。

イメージは…

$$H-\underset{\underset{H}{|}}{\overset{\overset{H}{|}}{C}}-\underset{H}{\overset{H}{C}}=\underset{H}{\overset{H}{C}}-H+Cl_2 \longrightarrow H-\underset{\underset{H}{|}}{\overset{\overset{H}{|}}{C}}-\underset{\underset{Cl}{|}}{\overset{\overset{H}{|}}{C}}-\underset{\underset{Cl}{|}}{\overset{\overset{H}{|}}{C}}-H$$

切れる!!　　　　　　　　　　　付加しました!!

　付加する分子は水素H_2，塩素Cl_2，臭素Br_2である場合が多い!!

48

エチレンは平面構造!!

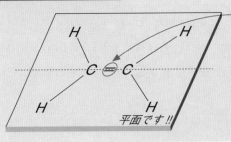

平面です!!

二重結合ゆえに回転できません!! よって,エチレンは,各原子が同一平面上にある**平面構造**となります。

オレの腕力をもってしても回転させられねぇ!!

この応用として
こんなことが…

回転できないのか…

シス-トランス異性体のお話

例えば$CH_3CH = CHCH_3$の場合…

回転できない!!

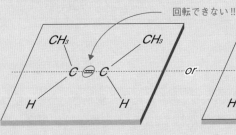

シス形　　　　　　　　**トランス形**

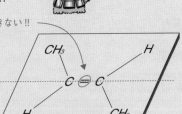

の2種類が存在します。このように,$C=C$の部分が回転できないことによって生じる異性体を**シス-トランス異性体(幾何異性体)**と呼びます。

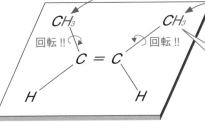

回転!!　　　回転!!

このHたちは左の平面上にすべて乗(載)るわけではないので注意しましょう!!

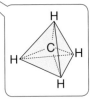

エチレンの付加反応について!!

問題9 ─ 標準

次の(1)〜(3)を化学反応式で示せ。

(1) 臭素水にエチレンを通じると,臭素水の赤褐色が消える。

(2) ニッケル触媒のもとで,エチレンは水素と反応する。

(3) 硫酸触媒のもとで,エチレンは水と反応する。

解答でござる

(1) 1,2-ジブロモエタン

$$CH_2 = CH_2 + Br_2 \longrightarrow CH_2BrCH_2Br$$

$$\left(\begin{array}{c} \underset{|}{\overset{H}{\underset{|}{C}}} \underset{|}{\overset{H}{\underset{|}{C}}} \\ H-C \doteq C-H + Br_2 \longrightarrow H-C-C-H \\ \underset{付加する!!}{\uparrow} \qquad\qquad \overset{|}{Br}\ \overset{|}{Br} \end{array} \right)$$

付加する!!

(2) エタン

$$CH_2 = CH_2 + H_2 \longrightarrow CH_3CH_3$$

$$\left(\begin{array}{c} H\ \ H \\ H-C \doteq C-H + H_2 \longrightarrow H-C-C-H \\ \qquad\qquad (Ni) \qquad H\ \ H \end{array} \right)$$

付加する!!

(3) エタノール

$$CH_2 = CH_2 + H_2O \longrightarrow CH_3CH_2OH$$

$$\left(\begin{array}{c} H\ \ H \\ H-C \doteq C-H + H_2O \longrightarrow H-C-C-H \\ \qquad\qquad (H_2SO_4) \qquad H\ \ OH \end{array} \right)$$

付加する!!

注 H_2O が H− と HO− に分かれて付加する!!

すべて**付加反応**の話です。

(1) 臭素水の**赤褐色**の色が消える。

‖

Br_2 の色です

臭素 Br_2 が付加反応により,なくなる。

CH_3CH_3 ←─エタン
エタンの右から1番目と2番目の C 原子に結合している H 原子が1つずつ Br 原子(ブロモ)に置換される。

つまり!!

$$CH_2Br - CH_2Br$$
ブロモ　　　ブロモ

よって!!

1,2-ジブロモエタン

2つの意!!
二郎君のジです!!

RUB OUT 4 アルキン

$-C \equiv C-$

炭化水素の中で分子内の炭素原子間に三重結合を1つもつ鎖状構造のものを**アルキン**と呼びます。アルキンの分子式は必ずC_nH_{2n-2}で表されます。このとき，$n = 2$，3，4，……です。

例 $n = 2$のとき…　　　$n = 3$のとき…　　　$n = 4$のとき…

アセチレン

$CH \equiv CH$　　　　$CH_3C \equiv CH$　　　$CH_3CH_2C \equiv CH$

$H-C \equiv C-H$

ぶっちゃけ，有名なのはアセチレンだけ!!

アセチレンについては暗記していただくことがいろいろあります。そこで!!例の赤いシートを!!

Question	Answer	Comment
(1) アセチレンの製法 アセチレンを実験室で合成するときの化学反応式を書け。	(1) $CaC_2 + 2H_2O$ $\longrightarrow C_2H_2 + Ca(OH)_2$ **アセチレン**	(1) カーバイド(炭化カルシウム)CaC_2にH_2Oを加えると得られます。 これは丸暗記だ!!

(2) アセチレンの付加反応
(ア) アセチレンに$HgSO_4$を触媒として水を付加させたとき，得られる化合物の示性式と名称を答えよ。
	(2)
	(ア) 示性式
	CH_3CHO
	名称
	アセトアルデヒド
		(2)
		(ア) $H-C \equiv C-H + H_2O$
		$\longrightarrow$ H-C=C-H（不安定）
		     H OH
		分子内転位が起こる
		H
		H-C-C-H
		  H O
		つまり…
		CH_3CHO

(イ)　アセチレンに$HgCl_2$を触媒として塩化水素を付加させたとき，得られる化合物の示性式と名称を答えよ。	(イ)　示性式 　　$CH_2 = CHCl$ 　　名称 　　**塩化ビニル**	(イ)　$H-C≡C-H+HCl$ 　　$⟶ \underset{\underset{H}{\vert}}{H}-\underset{\underset{Cl}{\vert}}{C}=C-H$
(ウ)　アセチレンに酢酸を付加させたとき，得られる化合物の示性式と名称を答えよ。 注　触媒が必要である!!	(ウ)　示性式 　　$CH_2 = CHOCOCH_3$ 　　名称 　　**酢酸ビニル**	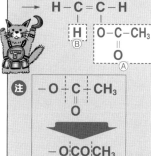 どこが結合したのかがよくわかる!! 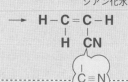
(エ)　アセチレンにシアン化水素を付加させたとき，得られる化合物の示性式と名称を答えよ。 注　触媒が必要である!!	(エ)　示性式 　　$CH_2 = CHCN$ 　　名称 　　**アクリロニトリル**	(エ)　$H-C≡C-H+HCN$ シアン化水素 　　$⟶ H-C=C-H$ 　　　　$\underset{H}{\vert}\ \ \underset{CN}{\vert}$ 　　　　　　　$\vert$ 　　　　　$C≡N$
(オ)　アセチレンにNiを触媒として水素を付加させたとき，2段階で付加反応が起こる。各反応により得られる化合物の示性式と名称を答えよ。	(オ)　**1段階目** 　　示性式 　　$CH_2 = CH_2$ 　　名称 　　**エチレン** 　　**2段階目** 　　示性式 　　CH_3CH_3 　　名称 　　**エタン**	**1段階目** $H-C≡C-H+H_2$ 　$⟶ CH_2 = CH_2$ **2段階目** $CH_2 = CH_2+H_2$ 　$⟶ CH_3CH_3$

(カ) アセチレンに常温で塩素を付加させたとき，2段階で付加反応が起こる。各反応により得られる化合物の示性式と名称を答えよ。 注 常温で即時付加反応が起こる‼	(カ) **1段階目** 示性式 **CHCl = CHCl** 名称 **1, 2-ジクロロエチレン** **2段階目** 示性式 **CHCl₂CHCl₂** 名称 **1, 1, 2, 2-テトラクロロエタン**	**1段階目** $$CH \equiv CH + Cl_2 \longrightarrow CHCl = CHCl$$ $CH_2 = CH_2$はエチレン $CHCl = CHCl$はエチレンの右から1番目と2番目のC原子に結合しているH原子が1つずつCl原子（クロロ）に置換されている‼よって名称は1, 2-ジクロロエチレン **2段階目** $$CHCl = CHCl + Cl_2 \longrightarrow CHCl_2CHCl_2$$ CH_3CH_3はエタン $CHCl_2CHCl_2$はエタンの右から1番目と2番目のC原子に結合しているH原子が2つずつCl原子（クロロ）に置換されている‼よって名称は1, 1, 2, 2-テトラクロロエタン
(キ) アセチレンに常温で臭素を付加させたとき，2段階で付加反応が起こる。各反応により得られる化合物の示性式と名称を答えよ。 注 常温で即時付加反応が起こる‼	(キ) **1段階目** 示性式 **CHBr = CHBr** 名称 **1, 2-ジブロモエチレン** **2段階目** 示性式 **CHBr₂CHBr₂** 名称 **1, 1, 2, 2-テトラブロモエタン**	(キ) **1段階目** $$CH \equiv CH + Br_2 \longrightarrow CHBr = CHBr$$ $CH_2 = CH_2$はエチレン $CHBr = CHBr$はエチレンの右から1番目と2番目のC原子に結合しているH原子が1つずつBr原子（ブロモ）に置換されている‼よって名称は1, 2-ジブロモエチレン‼ **2段階目** $$CHBr = CHBr + Br_2 \longrightarrow CHBr_2CHBr_2$$ CH_3CH_3はエタン $CHBr_2CHBr_2$はエタンの右から1番目と2番目のC原子に結合しているH原子が2つずつBr原子（ブロモ）に置換されている‼よって名称は1, 1, 2, 2-テトラブロモエタン‼

(ク)　アセチレンに常温でヨウ素を付加させたとき，2段階で付加反応が起こる。各反応により得られる化合物の示性式と名称を答えよ。	(ク)　**1段階目** 示性式 **CHI = CHI** 名称 **1, 2-ジヨードエチレン** **2段階目** 示性式 **CHI₂CHI₂** 名称 **1, 1, 2, 2-テトラヨードエタン**	(ク)　(カ)(キ)の話がI原子（ヨード）にかわっただけです。ハロゲン共通のお話です‼ **まとめです‼** 
(3)　アセチレンの立体構造 　アセチレンの立体構造について適切に答えよ。	(3)　**直線構造**	(3)　**H－C≡C－H** 　見るからに直線ですね‼ 三重結合の部分は回転できません‼
(4)　アセチレン3分子で 　アセチレンを赤熱した鉄**Fe**などの触媒に触れさせると，3分子が結合してある物質を生じる。この物質の構造式と名称を答えよ。	(4)　構造式 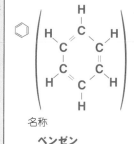 名称 　　　**ベンゼン**	(4) 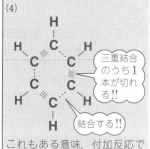 これもある意味，付加反応です‼　三分子重合と呼びます。

RUB OUT 5　その他の炭化水素

❶　シクロアルケン 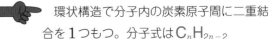 環状構造で分子内の炭素原子間に二重結合を1つもつ。分子式はC_nH_{2n-2}

$$(n = 3,\ 4,\ 5,\ \cdots\cdots)$$

例　$n = 3$のとき…　　　　　$n = 6$のとき…
シクロヘキセン

他にもいろいろありますが，この連中はあまり重要ではありません。

❷　アルカジエン 鎖状構造で分子内の炭素原子間に二重結合を2つもつ。

エンとは二重結合の意味です!!
エンが2つでジエンです!!

分子式はC_nH_{2n-2} ($n = 3,\ 4,\ 5,\ \cdots\cdots$)。

例　$n = 4$のとき…
ブタジエン

$$CH_2 = CHCH = CH_2 \qquad CH_2 = C = CHCH_3$$

$$\begin{array}{ccccc} H & H & H & H \\ | & | & | & | \\ H-C & =C & -C & =C-H \end{array} \qquad \begin{array}{ccccc} H & & H & H \\ | & & | & | \\ H-C & =C & =C & -C-H \\ & & & | \\ & & & H \end{array}$$

❸　芳香族炭化水素 ベンゼン環をもつ炭化水素のことです。

例　ベンゼン　　　　　　　トルエン　　　　　　　　スチレン

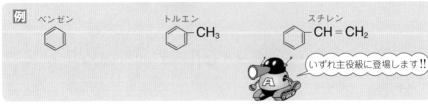

いずれ主役級に登場します!!

RUB OUT **6** 炭化水素の分類

もう一度見つめ直してみようよ!!

追加する用語があります。

❶ 炭素原子間の結合がすべて単結合のもの ➡ **飽和炭化水素**

❷ 炭素原子間の結合に二重結合や三重結合をもつもの ➡ **不飽和炭化水素**

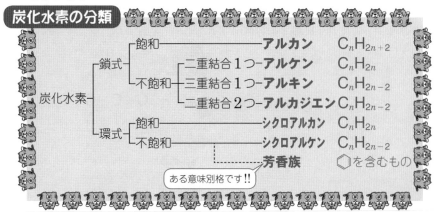

炭化水素の分類

$$炭化水素 \begin{cases} 鎖式 \begin{cases} 飽和 \longrightarrow \textbf{アルカン} \quad C_nH_{2n+2} \\ 不飽和 \begin{cases} 二重結合1つ \textbf{アルケン} \quad C_nH_{2n} \\ 三重結合1つ \textbf{アルキン} \quad C_nH_{2n-2} \\ 二重結合2つ \textbf{アルカジエン} C_nH_{2n-2} \end{cases} \end{cases} \\ 環式 \begin{cases} 飽和 \longrightarrow \textbf{シクロアルカン} \quad C_nH_{2n} \\ 不飽和 \longrightarrow \textbf{シクロアルケン} \quad C_nH_{2n-2} \end{cases} \\ \cdots\cdots \textbf{芳香族} \quad ⬡を含むもの \end{cases}$$

ある意味別格です!!

この表からもお気づきかもしれませんが，同じ分子式が複数の場所で登場します。そこで，次のような問題が…

ん!?

問題10 — ちょいムズ

次の分子式で表される炭化水素の異性体の種類の個数を答えよ。

(1) C_5H_{12}　　(2) C_6H_{14}　　(3) C_3H_6　　(4) C_4H_8

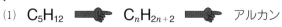

ダイナミックポイント!!

(1) C_5H_{12} ➡ C_nH_{2n+2} ➡ アルカン

(2) C_6H_{14} ➡ C_nH_{2n+2} ➡ アルカン

(3) C_3H_6 ➡ C_nH_{2n} ➡ アルケン or シクロアルカン

(4) C_4H_8 ➡ C_nH_{2n} ➡ アルケン or シクロアルカン

で‼ (1)の場合…

C_5H_{12}は炭素数が5のアルカンです。そこで，炭素原子の骨格に注目すると，次の**3つ**の場合がある。

> C_nH_{2n+2} で $n=5$ です‼

```
C-C-C-C-C          C-C-C-C          C
                       |         C-C-C
                       C             |
                                     C
```

このように異性体の個数を数えたいときは，**C**原子の部分のみを書き出すことがポイントです‼　**H**原子の数は必ずそろうので心配無用‼

例えば…

> ちゃんと**H**の数が12個になってる‼

```
C-C-C-C        Hを書き加える‼
    |
    C
```

> 勘違い…⁇

あと，注意すべきことは**勘違い**です。

そこで…

⁇ 勘違いコーナー

よくある勘違いです。

① C-C-C-C-C　と　C-C-C-C　は同じですよ‼
　　　　　　　　　　　　 　 |
　　　　　　　　　　　　 　 C

> 思ってました…（泣）

違うものだと思っている人がいます🎀

② C-C-C-C　　C-C-C-C　　　　　C
　　 |　　と　　 |　　と　C＼　　 と
　　 C　　　　　 C　　　　　 ＼C-C-C
　　　　　　　　　　　　　　C／

　C-C-C　　　　　C
　　 |　　と　　 |　　　はすべて同じですよ‼
　　 C　　　　　 C
　　 |　　　　　 C-C-C
　　 C

一見，違って見えます‼　だから，勘違いしないように**C**が一番長く連結している部分を横書きにして並べることをおすすめします。

では，(2)～(4)も同じ調子で**!!**

◀ **解答でござる** ▷

(1)　C_5H_{12}は分子式C_nH_{2n+2}のタイプ。よって，アルカンです。

$$C-C-C-C-C, \quad C-C-C-C, \quad C-C-C$$

（C-C-C-C, で下に C, C-C-C で中央に C 上下）

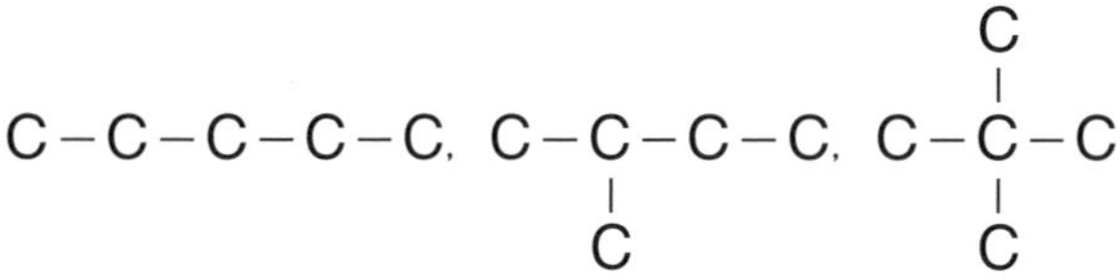

異性体の種類の数は**3 種類**　…(答)

(2)　C_6H_{14}は分子式C_nH_{2n+2}のタイプ。よって，アルカンです。

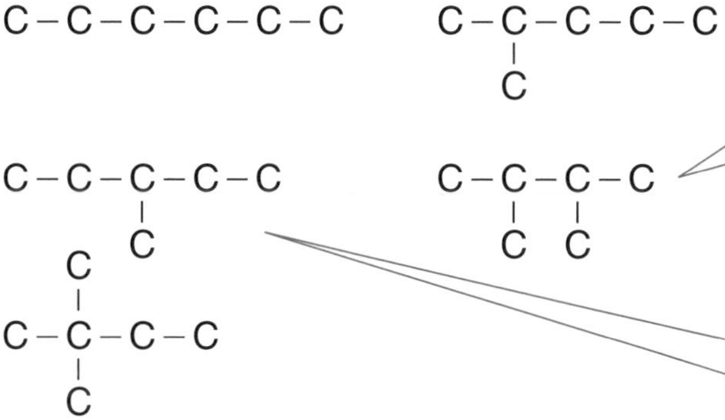

$$C-C-C-C-C-C \qquad C-C-C-C-C$$
（右の式は下に C）

$$C-C-C-C \qquad C-C-C-C$$
（左は中央下に C と C，右は下に C C）

$$C-C-C-C$$
（下に C-C-C と C）

以上より，異性体の種類の数は**5 種類**　…(答)

(3)　C_3H_6は分子式C_nH_{2n}のタイプ。よって，アルケンかシクロアルカンです。

　(i)　アルケンのとき　　(ii)　シクロアルカンのとき

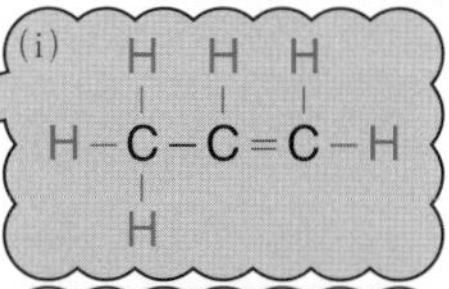

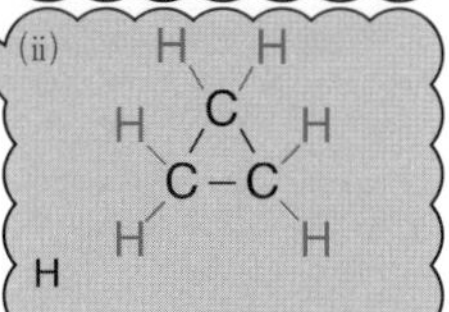

$$C-C=C \qquad\qquad \begin{array}{c} C \\ \diagup \diagdown \\ C-C \end{array}$$

以上より，異性体の種類の数は**2 種類**　…(答)

右側の吹き出し・注記：

Hの数は必ずそろう**!!**
Cの骨組だけ考えるべし**!!**

(1)　詳しくは

◀ **ダイナミックポイント!!** ▷ を**!!**

$$C-C-C-C-C$$
（下に C）
と同じですよ**!!**

$$\begin{array}{c} C \\ | \\ C-C-C-C \\ | \\ C \end{array}$$
や
$$C-C-C-C$$
（下に C C）
は同じですよ**!!**

$$C-C-C-C$$
（下に C，C）
と同じですよ**!!**

(3)　アルケン
C_nH_{2n}　**鎖式で二重結合1つ**
シクロアルカン
環式ですべて単結合

(i)
$$\begin{array}{c} H \quad H \quad H \\ | \quad\; | \quad\; | \\ H-C-C=C-H \\ | \\ H \end{array}$$

(ii)
$$\begin{array}{c} H \quad H \\ \diagup C \diagdown \\ H \quad\quad H \\ C-C \\ H \quad\quad H \\ H \end{array}$$

(4) C_4H_8 は分子式 C_nH_{2n} のタイプ。

よって，アルケンまたはシクロアルカンです。

(ⅰ) アルケンのとき

$$C = C - C - C \qquad C = C - C$$
$$\qquad\qquad\qquad\qquad\qquad\quad |$$
$$\qquad\qquad\qquad\qquad\qquad\quad C$$

$$C - C = C - C$$
（シス形とトランス形あり）

(ⅱ) シクロアルカンのとき

$$\begin{array}{cc} C - C \\ | \quad | \\ C - C \end{array} \qquad \begin{array}{c} C \\ \diagup \,\diagdown \\ C - C - C \end{array}$$

以上より，異性体の種類の数は **6種類** …(答)

(4) C_nH_{2n} ⎰ アルケン 鎖式で二重結合1つ
⎱ シクロアルカン 環式ですべて単結合

シス-トランス異性体です!!
$CH_3CH = CHCH_3$ に
注意しよう!!

$$\begin{array}{ccc} CH_3 & & CH_3 \\ & C = C & \\ H & & H \end{array}$$ ◀ シス形

$$\begin{array}{ccc} CH_3 & & H \\ & C = C & \\ H & & CH_3 \end{array}$$ ◀ トランス形

が存在します。つまり，
これは2個と数えますよ!!

補足

シス-トランス異性体
が存在するのは

$$\begin{array}{ccc} R_1 & & R_3 \\ & C = C & \\ R_2 & & R_4 \end{array}$$

$R_1 \neq R_2$ かつ
$R_3 \neq R_4$ が条件です。

例えば $R_1 = R_2 = R$ のとき

$$\begin{array}{ccc} R & & R_3 \\ & C = C & \\ R & & R_4 \end{array}$$

R_3 と R_4 が入れ替わっても
異なるものにはなりません!!

Theme 4　アルコールの登場です!!

酒だ!!　酒だぁーっ!!

RUB OUT 1　アルコール　R-OH

炭化水素の水素原子がヒドロキシ基**−OH**で置換された化合物を**アルコール**と呼ぶ。

代表例

メタノール
CH_3OH

エタノール
CH_3CH_2OH

1-プロパノール
$CH_3CH_2CH_2OH$

2-プロパノール
CH_3CHOH
　　|
　CH_3

2-メチル-2-プロパノール
　　　CH_3
　　　|
CH_3-C-OH
　　　|
　　　CH_3

ベンジルアルコール
〈ベンゼン環〉$-CH_2OH$

注 1　〈ベンゼン環〉$-OH$は$-OH$が直接ベンゼン環のC原子と結合しているので，アルコールには属しません!!　"フェノール類"という別のグループに属します（**Theme 15**参照!!）。

注 2　"ノール"とは$-OH$の意味だと考えてください。さらに"メチル"とは$-CH_3$です。これを踏まえて，

メチル基

プロパン$CH_3CH_2CH_3$を考えたとき

$$H-\overset{③}{C}-\overset{②}{C}-\overset{①}{C}-H$$
（各CにH原子が結合）

右から①番目のC原子に結びつくH原子1つを$-OH$に置換すると…

$$H-\overset{③}{C}-\overset{②}{C}-\overset{①}{C}-OH$$

（$CH_3CH_2CH_2OH$です!!）
名称は**1-プロパノール**です。

$$H-\underset{\underset{H}{|}}{\overset{\overset{H}{|}}{C}}-\underset{\underset{H}{|}}{\overset{\overset{H}{|}}{C}}-\underset{\underset{H}{|}}{\overset{\overset{H}{|}}{C}}-H$$

③ ② ①

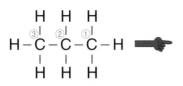

右から②番目の**C**原子に結びつく**H**原子1つを**−OH**に置換すると…

$$H-\underset{\underset{H}{|}}{\overset{\overset{H}{|}}{C}}-\underset{\underset{OH}{|}}{\overset{\overset{H}{|}}{C}}-\underset{\underset{H}{|}}{\overset{\overset{H}{|}}{C}}-H$$

③ ② ①

$$\left(\underset{\underset{OH}{|}}{CH_3CHCH_3} \underset{同じ!!}{=} \underset{\underset{CH_3}{|}}{CH_3CHOH} \quad です!! \right)$$

名称は，**2-プロパノール**です。

$$H-\underset{\underset{H}{|}}{\overset{\overset{H}{|}}{C}}-\underset{\underset{H}{|}}{\overset{\overset{H}{|}}{C}}-\underset{\underset{H}{|}}{\overset{\overset{H}{|}}{C}}-H$$

③ ② ①

右から②番目の**C**原子に結びつく**H**原子2つを**−OH**と**−CH₃（メチル基）**に置換すると…

$$H-\underset{\underset{H}{|}}{\overset{\overset{H}{|}}{C}}-\underset{\underset{OH}{|}}{\overset{\overset{CH_3}{|}}{C}}-\underset{\underset{H}{|}}{\overset{\overset{H}{|}}{C}}-H$$

③ ② ①

$$\left(\underset{\underset{OH}{|}}{\overset{\overset{CH_3}{|}}{CH_3-C-CH_3}} \underset{同じ!!}{=} \underset{\underset{CH_3}{|}}{\overset{\overset{CH_3}{|}}{CH_3-C-OH}} です!! \right)$$

名称は，**2-メチル-2-プロパノール**

名前にもルールがあったんだね…。

クイズ!!

次のアルコールの名称は**??**

$$\underset{\underset{CH_3}{|}}{CH_3CHCH_2CH_2OH}$$

名前…**??**

ブタン**CH₃CH₂CH₂CH₃**を考えたとき

$$H-\underset{\underset{H}{|}}{\overset{\overset{H}{|}}{C}}-\underset{\underset{H}{|}}{\overset{\overset{H}{|}}{C}}-\underset{\underset{H}{|}}{\overset{\overset{H}{|}}{C}}-\underset{\underset{H}{|}}{\overset{\overset{H}{|}}{C}}-H$$

④ ③ ② ①

−OHが結合している番号が**−CH₃**が結合している番号より小さくなるように設定します!! **−OH**が優先です♥

右から①番目の**C**原子に結びつく**H**原子1つを**−OH**に置換し，さらに③番目の**C**原子と結びつく**H**原子1つを**−CH₃（メチル基）**に置換すると…

$$H-\underset{\underset{H}{|}}{\overset{\overset{H}{|}}{C}}-\underset{\underset{CH_3}{|}}{\overset{\overset{H}{|}}{C}}-\underset{\underset{H}{|}}{\overset{\overset{H}{|}}{C}}-\overset{\overset{H}{|}}{C}-OH$$

④ ③ ② ①

$$\left(\underset{\underset{CH_3}{|}}{CH_3CHCH_2CH_2OH} \quad です!! \right)$$

名称は，<u>**3-メチル-1-ブタノール**</u>

答でーす!!

RUB OUT **2**　アルコールの分類

(i) 分子中の−OHの数による分類法

　　−OHが **n** 個あれば，**n価アルコール**と呼びます。

一価アルコール

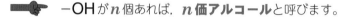

メタノール	エタノール	1-プロパノール	2-プロパノール
CH_3OH	CH_3CH_2OH	$CH_3CH_2CH_2OH$	CH_3CHOH
			$\quad\ \ CH_3$

二価アルコール

エチレングリコール

CH_2OH
$|$
CH_2OH

三価アルコール

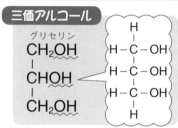

グリセリン

CH_2OH
$|$
$CHOH$
$|$
CH_2OH

　一価アルコールの例は山ほどあります。二価アルコールと三価アルコールの重要例は1つずつしかありません 他にもあるっちゃあるんですが有名じゃない。

(ii) 分子内の−OHが結合しているC原子に注目した分類法

第一級アルコール

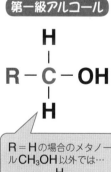

$$R-\overset{\displaystyle H}{\underset{\displaystyle H}{C}}-OH$$

R＝Hの場合のメタノールCH₃OH以外では…
のように，−OHが結合しているC原子と結合するC原子の個数が**1個!!**

第二級アルコール

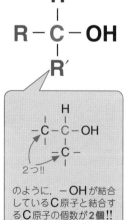

$$R-\overset{\displaystyle H}{\underset{\displaystyle R'}{C}}-OH$$

のように，−OHが結合しているC原子と結合するC原子の個数が**2個!!**

第三級アルコール

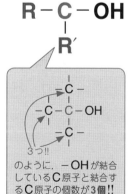

$$R-\overset{\displaystyle R''}{\underset{\displaystyle R'}{C}}-OH$$

のように，−OHが結合しているC原子と結合するC原子の個数が**3個!!**

そこで!!

問題 11 ─ キソ

次の(1)〜(4)の示性式で表されるアルコールは第何級アルコールであるか。

(1) CH₃CHCH₂OH
   |
   CH₃

(2) CH₃CH₂CHOH
    |
    CH₃

(3)
    CH₃
    |
CH₃CH₂ − C − OH
    |
    CH₃

(4)
    CH₃
    |
CH₃CH₂ − C − CH₂OH
    |
    CH₃

解答でござる ← よーく見れば即解決です!!

(1)

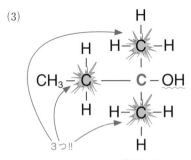

−OHが結合しているC原子と結合するC原子の個数は1個である。

よって，<u>第一級アルコール</u> …(答)

(2)

−OHが結合しているC原子と結合するC原子の個数は2個である。

よって，<u>第二級アルコール</u> …(答)

(3)

−OHが結合しているC原子と結合するC原子の個数は3個である。

よって，<u>第三級アルコール</u> …(答)

よく見てください!!

(4)

−OHが結合しているC原子と結合するC原子の個数は1個である。

よって，<u>第一級アルコール</u> …(答)

(iii)　**炭素数による分類**

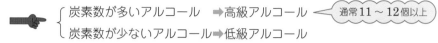

　炭素数が多いアルコール　➡高級アルコール　← 通常11〜12個以上

　炭素数が少ないアルコール➡低級アルコール

RUB OUT 3 　アルコールの性質

(i)　**融点・沸点について**　　　　バラバラになりにくい!!

　アルコールは分子間で−OHどうしが強く引き合っている(　水素結合と呼びます。詳しくは『化学[理論化学編]』Theme 5 参照)ため，**融点・沸点は分子量が同程度の炭化水素に比べ，かなり高い。**

　これにより，炭素数が少ない(分子量が小さい)アルコールは常温で**液体**となる。

> 炭素数が多くなると，常温で軟らかい固体となる。みなさんが学習するアルコールは，炭素数が少ないものばかり!!　よって，常温では液体のものばかりです。

(ii)　**液性について**　　−OH基は電離しないぜっ!!

中性です。

(iii)　**水溶性について**　　　R−です!!

　−OH基は親水性を示す基です。逆に炭化水素基は疎水性を示す基です。
　　　水によくなじむ!!　　　　　　　　　　　水になじまない!!

R−OH　　R中の炭素数が少ないと**水に溶ける。**
疎水性 親水性　　　　　　　　　　R中の炭素数が多いと**水に溶けない。**

例　メタノール　CH_3OH
　　エタノール　CH_3CH_2OH 　　　　Cの数が少ないので，
　　1-プロパノール　$CH_3CH_2CH_2OH$ 　　　無制限に**水に溶ける。**

$CH_3CH_2CH_2CH_2CH_2OH$　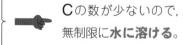　**少しだけ水に溶ける。**
$CH_3CH_2CH_2CH_2CH_2CH_2CH_2CH_2CH_2CH_2CH_2CH_2CH_2OH$

　　　　　　　　　　　　　かなり水に溶けにくい。

こんな感じです♥

(iv) **単体のナトリウムと反応して，水素 H_2 を発生する!!**

一般式

アルコール
ナトリウム
アルコキシド
$$R-OH+Na \longrightarrow R-ONa+\frac{1}{2}H_2$$
チェンジ!!

両辺を 2 倍すると…

アルコール
ナトリウム
アルコキシド
$$2R-OH+2Na \longrightarrow 2R-ONa+H_2\uparrow$$

注 このとき H_2 と同時に生成する $R-ONa$ は**ナトリウムアルコキシド**と呼ぶ。

問題12 ― キソ

次の(1), (2)の各アルコールに金属ナトリウム Na を加えたときの化学反応式を書け。

(1) メタノール CH_3OH (2) エタノール CH_3CH_2OH

ダイナミックポイント!!

ついでにナトリウムアルコキシドの名称も押さえておいてください。

$$2R-OH+2Na \longrightarrow 2R-ONa+H_2$$

この $R-$ のところが変化するだけです!!

解答でござる

(1) $2CH_3OH+2Na \longrightarrow 2CH_3ONa+H_2$

$R \longrightarrow CH_3$ です。

(2) $2CH_3CH_2OH+2Na \longrightarrow 2CH_3CH_2ONa+H_2$

$R \longrightarrow CH_3CH_2$ です。

RUB OUT **4** アルコールの酸化

(i) 第一級アルコールの酸化

第一級アルコールをニクロム酸カリウムなどで酸化すると**アルデヒド**が生じ，さらに酸化すると**カルボン酸**が生じます。

一般式

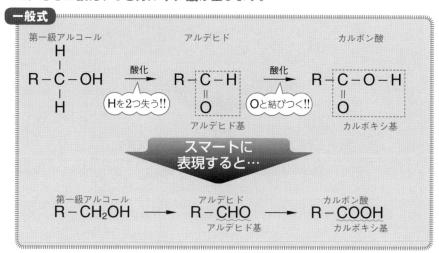

注 酸化の定義には"水素原子Hを失う"と"酸素原子Oと結びつく"がありました!!
有機化合物の酸化では，この2つの定義を適用します。

例

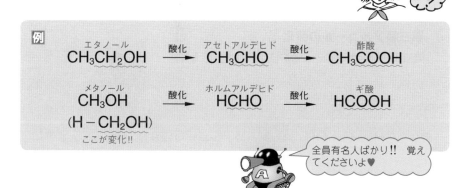

(ii) 第二級アルコールの酸化

第二級アルコールを酸化すると**ケトン**が生じる。これ以上は酸化されない!!

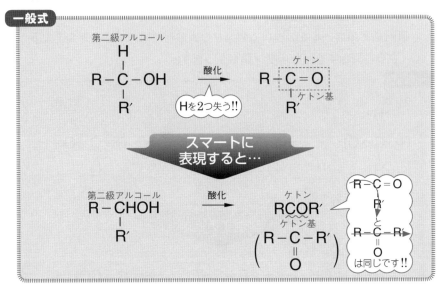

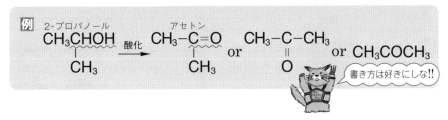

(iii) 第三級アルコールの酸化

第三級アルコールは,**酸化されにくい!!**

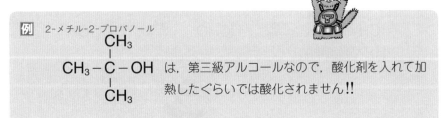

問題13 ─ 標準

次の⑦～㊉のアルコールの中から酸化されにくいものを選べ。

⑦ $CH_3CH_2CHCH_2OH$
$\quad\quad\quad\quad\;|$
$\quad\quad\quad\quad CH_3$

㋑
$\quad\quad\quad\quad\; CH_3$
$\quad\quad\quad\quad\;\;|$
$\quad CH_3 - C - CH_2OH$
$\quad\quad\quad\quad\;\;|$
$\quad\quad\quad\quad\; CH_3$

㋒
$\quad\quad\; CH_3$
$\quad\quad\;\;|$
$CH_3 - C - CHOH$
$\quad\quad\;\;|\quad\;\;|$
$\quad\quad CH_3\; CH_3$

㋓
$\quad\quad\quad\quad\;\; CH_3$
$\quad\quad\quad\quad\;\;\;|$
$CH_3CH_2 - C - OH$
$\quad\quad\quad\quad\;\;\;|$
$\quad\quad\quad\quad\;\; CH_3$

◁ 解答でござる ▷

第三級アルコールを選べばよい。よって，㋓ …(答)

－OHが結合しているC原子と結合するC原子の個数が3個である。

$\quad\quad\quad\quad\; CH_3$
$\quad\quad\quad\quad\;\;|$
$CH_3CH_2 - \mathbf{C} - OH$
$\quad\quad\quad\quad\;\;|$
$\quad\quad\quad\quad\; CH_3$

基本ですよ!!

Theme 5 特にメタノールとエタノール

アルコールの2TOP!!

RUB OUT 1 毒性の違い!!

メタノールには毒性があります!! これとは真逆で，エタノールには毒性がなく，消毒液やお酒の原料です。 メタノールの毒性で**メタメタ**だぁーっ

RUB OUT 2 メタノールとエタノールの製法

(i) **メタノールの製法**

工業的には(実験室では無理!!)，ZnOを触媒として，高温・高圧下で，水素と一酸化炭素から合成する。

$$CO + 2H_2 \longrightarrow \overset{\text{メタノール}}{CH_3OH}$$

(ii) **エタノールの製法**

❶ **アルコール発酵**

☞ 酵素群**チマーゼ**により，単糖類(グルコースなど)を分解!!

$$\overset{\text{単糖類}}{C_6H_{12}O_6} \xrightarrow{\text{チマーゼ}} \overset{\text{エタノール}}{2C_2H_5OH} + 2CO_2$$

❷ 工業的には(実験室では無理!!)，リン酸を触媒として，高温・高圧下でエチレンに水(水蒸気)を付加させる。

$$\overset{\text{エチレン}}{CH_2 = CH_2} + H_2O \longrightarrow \overset{\text{エタノール}}{CH_3CH_2OH}$$

$$\left(\begin{array}{c} \overset{H\ \ H}{\underset{H-C \overline{\overline{}} C-H}{|\ \ \ |}} + H_2O \longrightarrow H-\overset{H}{\underset{H}{C}}-\overset{H}{\underset{OH}{C}}-H \end{array}\right)$$

切れる!! H−とHO−に分かれて付加する!!

❸ ヨードホルム反応を示す(Theme 12 参照!!)。

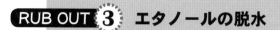 

RUB OUT 3　エタノールの脱水

水分子 H_2O がとれることです!!

エタノール CH_3CH_2OH を濃 H_2SO_4 とともに加熱すると，温度の違いにより次の2通りの脱水反応を行う。

(ⅰ)　**130℃～140℃では分子間脱水**

$$CH_3CH_2OH \atop CH_3CH_2OH \xrightarrow[\text{(濃}H_2SO_4)]{130℃～140℃} {CH_3CH_2 \atop CH_3CH_2}\Big\rangle O + H_2O$$

とれる!!　　　　　　　　　　　　　　　　　　　　　　　　水がとれる!!

まとめると…

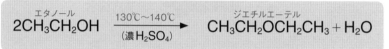

エタノール　　　　　　　　　　　　　　　　　　　ジエチルエーテル
$$2CH_3CH_2OH \xrightarrow[\text{(濃}H_2SO_4)]{130℃～140℃} CH_3CH_2OCH_2CH_3 + H_2O$$

注　エチル基 CH_3CH_2- は1通りの構造しかないので，C_2H_5- のようにまとめちゃうことのほうが多いです。

エタノール　　　　　ジエチルエーテル
C_2H_5OH や $C_2H_5OC_2H_5$ みたいにね。

なるほどじ

(ⅱ)　**160℃～170℃では分子内脱水**

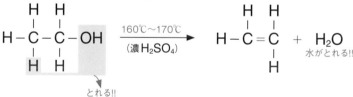

とれる!!

まとめると…

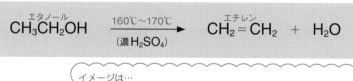

エタノール　　　　　　　　　　　　　　　　　　エチレン
$$CH_3CH_2OH \xrightarrow[\text{(濃}H_2SO_4)]{160℃～170℃} CH_2=CH_2 + H_2O$$

イメージは…
2分子から H_2O を奪う!!
➡️　1分子あたりの負担は小さい!!
➡️　それほどエネルギーは必要でない!!
➡️　低温（130℃～140℃）←子どもの身長の数字のイメージ
1分子から H_2O を奪う!!
➡️　1分子あたりの負担が大きい!!
➡️　大きなエネルギーが必要!!
➡️　高温（160℃～170℃）←大人の身長の数字のイメージ

◁ 追加でござる ▷

じつは，この脱水反応，アルコール全般に当てはまるお話でした。

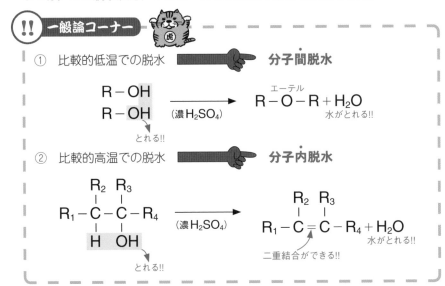

!! 一般論コーナー

① 比較的低温での脱水 ➡ **分子間脱水**

$$R-OH$$
$$R-OH \xrightarrow{(濃 H_2SO_4)} \overset{エーテル}{R-O-R} + H_2O$$

とれる!!　　　　　　　　水がとれる!!

② 比較的高温での脱水 ➡ **分子内脱水**

$$\begin{array}{cc} R_2 & R_3 \\ | & | \\ R_1-C-C-R_4 \\ | & | \\ H & OH \end{array} \xrightarrow{(濃 H_2SO_4)} \begin{array}{cc} R_2 & R_3 \\ | & | \\ R_1-C=C-R_4 \end{array} + H_2O$$

とれる!!　　二重結合ができる!!　　水がとれる!!

問題14 — キソ

エタノールについて，次の各問いに答えよ。

(1) エタノールは付加反応によって合成することができる。このときの化学反応式を示せ。

(2) エタノールはある酵素群によりグルコースなどの単糖類から得られる。この化学反応の名称と酵素群の名称を答えよ。

(3) エタノールと濃硫酸の混合物を約140℃に加熱することにより生じる物質は何か。示性式と名称を答えよ。

(4) エタノールと濃硫酸の混合物を160℃〜170℃に加熱することにより生じる物質は何か。示性式と名称を答えよ。

◁解答でござる▷ ← すべて前ページまでを参照!!

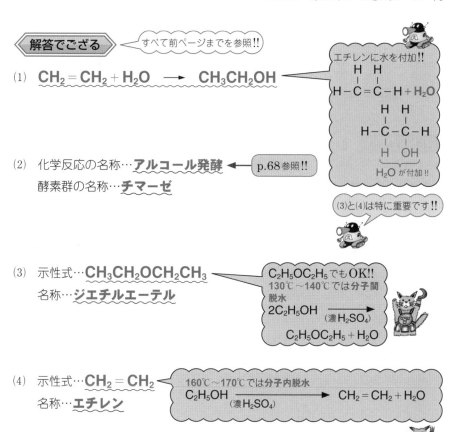

(1)　$CH_2 = CH_2 + H_2O \longrightarrow CH_3CH_2OH$

エチレンに水を付加!!

$$\begin{array}{c} H\quad H \\ H-C=C-H + H_2O \end{array}$$

↓

$$\begin{array}{c} H\quad H \\ H-C-C-H \\ \quad\ \ OH \end{array}$$

H_2O が付加!!

(2)　化学反応の名称…**アルコール発酵** ← p.68参照!!

　　酵素群の名称…**チマーゼ**

(3)と(4)は特に重要です!!

(3)　示性式…$CH_3CH_2OCH_2CH_3$

　　名称…**ジエチルエーテル**

$C_2H_5OC_2H_5$でもOK!!
130℃〜140℃では**分子間脱水**
$2C_2H_5OH \xrightarrow{(濃H_2SO_4)}$
$C_2H_5OC_2H_5 + H_2O$

(4)　示性式…$CH_2 = CH_2$

　　名称…**エチレン**

160℃〜170℃では**分子内脱水**
$C_2H_5OH \xrightarrow{(濃H_2SO_4)} CH_2 = CH_2 + H_2O$

Theme 6　エーテルは，いつも脇役

脇役…

RUB OUT 1　エーテル R-O-R′

2つの炭化水素基が酸素原子をはさんで結合した化合物を**エーテル**と呼ぶ。

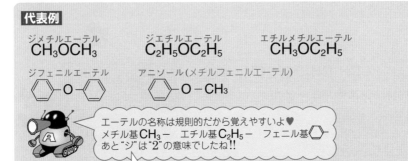

代表例

ジメチルエーテル
CH_3OCH_3

ジエチルエーテル
$C_2H_5OC_2H_5$

エチルメチルエーテル
$CH_3OC_2H_5$

ジフェニルエーテル

アニソール(メチルフェニルエーテル)

エーテルの名称は規則的だから覚えやすいよ♥
メチル基CH_3-　エチル基C_2H_5-　フェニル基
あと"ジ"は"2"の意味でしたね!!

二郎君のジです!!

RUB OUT 2　ジエチルエーテル

エーテルで有名な
ヤツはお前しかい
ないぜーっ!!

(i)　**製　法**　➡　エタノールの脱水により得られる(p.69参照)。

$$2C_2H_5OH \xrightarrow[\text{(濃 } H_2SO_4\text{)}]{130℃～140℃} C_2H_5OC_2H_5 + H_2O$$

ジエチルエーテル

(ii)　**性　質**　➡　**揮発性**のある液体。**引火性**あり。
麻酔作用があり，昔は麻酔薬に使用された。

(iii)　**エーテルは絶好の有機溶媒**

　エーテルは，水に溶けにくい有機化合物を溶かす**有機溶媒**としてよく
用いられます。

アルコールとエーテルを覚えたところで…

問題15 標準

分子式 $C_4H_{10}O$ の異性体の示性式をすべて書け。

ダイナミックポイント!!

$C_4H_{10}O$ ➡ Oをとってみましょう!! ➡ C_4H_{10}

C_4H_{10} は，分子式 C_nH_{2n+2} のタイプなので**アルカン**です。

アルカンは**鎖状構造**ですべて**単結合**でしたね。　p.43参照!!

そこで!!

どこかに $-O-$ をはさみ込めば，分子式が $C_4H_{10}O$ になります。

例えば…

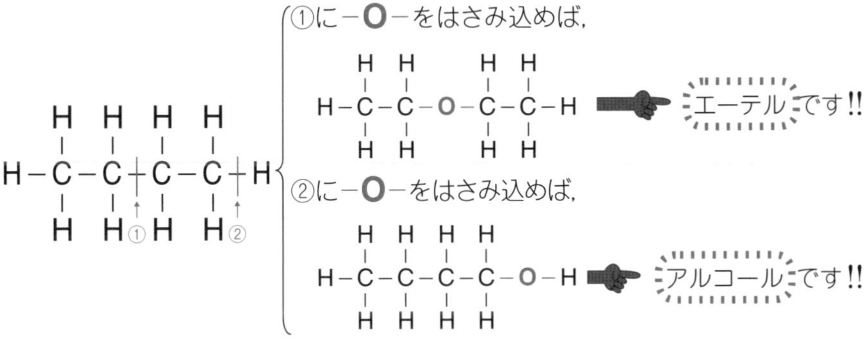

①に $-O-$ をはさみ込めば，

H-C-C-O-C-C-H ➡ エーテルです!!

②に $-O-$ をはさみ込めば，

H-C-C-C-C-O-H ➡ アルコールです!!

これを踏まえて…

(i) **アルコールの場合は以下の4種**

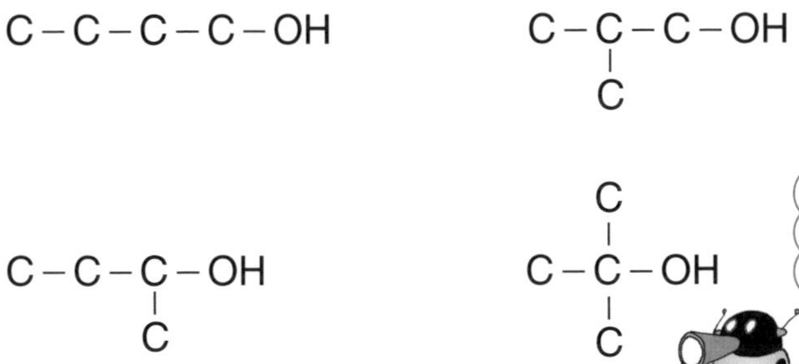

C-C-C-C-OH

C-C-C-OH
　　　C

C-C-C-OH
　　C

C-C-OH
　C
　C

省略されたHの数は
必ずうまくいく!!
安心してくれ!!

(ⅱ) **エーテルの場合は以下の3種**

$$C-C-C-O-C$$

$$C-C-O-C-C$$

$$\begin{array}{c} C-C-O-C \\ | \\ C \end{array}$$

> 大丈夫だと思うけど…
> C－C－C－O－Cと
> C－O－C－C－Cは同じだよ!!

(ⅰ), (ⅱ)より, 合計で, $4+3=7$種 でーす!!

◁ **解答でござる** ▷

$CH_3CH_2CH_2CH_2OH$

$$\begin{array}{c} CH_3CHCH_2OH \\ | \\ CH_3 \end{array}$$

$$\begin{array}{c} CH_3CH_2CHOH \\ | \\ CH_3 \end{array}$$

$$\begin{array}{c} CH_3 \\ | \\ CH_3-C-OH \\ | \\ CH_3 \end{array}$$

$CH_3CH_2CH_2OCH_3$

$$\begin{array}{c} CH_3CHOCH_3 \\ | \\ CH_3 \end{array}$$

$CH_3CH_2OCH_2CH_3$

ダイナミックポイント!! の7種に省略したHを書き加えただけです。

> アルコールとエーテルはまったく違うものだけど, 分子式にしてしまうと同じになってしまうのさ!!

Theme 7　アルデヒドのお話

この人たちはキーマンだぞっ!!

RUB OUT 1　アルデヒド R–CHO

ホルミル基（アルデヒド基）−CHO をもつ化合物を
アルデヒドと呼ぶ。

詳しく書くと
$$-\overset{\underset{\|}{O}}{C}-H$$

代表例

ホルムアルデヒド
HCHO

アセトアルデヒド
CH₃CHO

プロピオンアルデヒド
CH₃CH₂CHO

ベンズアルデヒド
◯−CHO

4つとも重要です!!　しっかり暗記すべし!!

RUB OUT 2　アルデヒドの製法

第一級アルコールの酸化により得られる（p.65参照）。
酸化しすぎるとカルボン酸（R − COOH）になってしまうので要注意!!

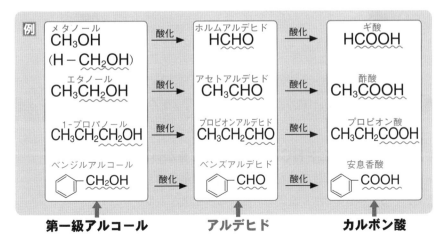

第一級アルコール　　　　**アルデヒド**　　　　**カルボン酸**

RUB OUT 3 アルデヒドの還元性

すごく大切な話ですよ!!

アルデヒドには**還元性**があり,ここでは,**銀鏡反応**と**フェーリング液の還元反応**を示します。

酸化還元反応だね!!

このときアルデヒド自身は酸化されてカルボン酸になります。

(i) 銀鏡反応

アンモニア性硝酸銀水溶液にアルデヒドを加えて温めると水溶液中のAg^+が還元されて**銀が析出**する。

この銀が容器の内壁にへばりつき,鏡のようになることが**銀鏡反応**の名の由来となる。

(ii) フェーリング液の還元反応

フェーリング液にアルデヒドを加えて加熱すると,フェーリング液中のCu^{2+}が還元されて,**酸化銅(Ⅰ)Cu_2Oの赤色沈殿**が生じる。これを**フェーリング液の還元反応**と呼ぶ。

注 アンモニア性硝酸銀水溶液とフェーリング液は,名称だけ押さえておけば**OK**です。詳しい水溶液の成分なんてどうでもいい!!

マジか!?

少しマニアックなお話ですが…
ベンズアルデヒド CHO は,**銀鏡反応**は示しますが,**フェーリング液の還元反応**は示しません。

RUB OUT 4 ホルムアルデヒド HCHO & アセトアルデヒド CH₃CHO

特に有名な2人

(i) ホルムアルデヒド HCHO でないとできないこと

刺激臭のある水溶性の無色の気体で,防腐剤の**ホルマリン**の原料である。

☞ 37%程度のホルムアルデヒドの水溶液がホルマリンです。

(ii)　**アセトアルデヒドCH_3CHOでないとできないこと**

①　**刺激臭**のある揮発性の液体で水とよく混ざり合う(水によく溶ける)。

②　アセチレンに,$HgSO_4$を触媒として,水を付加させると得られる(p.50参照)。

$$\underset{\text{アセチレン}}{CH \equiv CH} + H_2O \xrightarrow{(HgSO_4)} \underset{\text{アセトアルデヒド}}{CH_3CHO}$$

③　ヨードホルム反応を示す(Theme 12 参照!!)。

問題16 — **標準**

　エタノールに二クロム酸カリウムの硫酸酸性溶液を加えて加熱すると刺激臭を有する還元性のある液体が得られた。これについて,次の各問いに答えよ。

(1)　この液体の示性式と名称を答えよ。

(2)　この液体にフェーリング液を加えて加熱する。生じる沈殿の化学式,名称,色を答えよ。

ダイナミックポイント!!

キーワードを押さえるべし!!

ニクロム酸カリウム ➡ 有名な**酸化剤**です。(『化学基礎』Theme 28 参照)

還元性のある ➡ **アルデヒド**

〔キーワードか…〕

とゆーわけで…

$$\underset{\text{エタノール}}{CH_3CH_2OH} \xrightarrow{\text{酸化する!!}} \underset{\text{アセトアルデヒド}}{CH_3CHO}$$

解答でござる

(1)　示性式　…　CH_3CHO

　　名称　…　**アセトアルデヒド**

(2)　化学式　…　Cu_2O

　　名称　…　**酸化銅(Ⅰ)**

　　色　…　**赤色**

(1)は **ダイナミックポイント!!** 参照!!
(2)は頻出問題です。しっかり覚えてくださいよ。

〔覚えるべきことを覚えないと始まらないよ!!〕

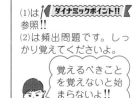

Theme 8 ケトンのお話

アルデヒドのライバル的存在

RUB OUT 1 ケトン R-CO-R′

> 詳しく書くと
> $-\overset{\parallel}{\underset{O}{C}}-$

カルボニル基(ケトン基)－**CO**－の炭素原子に2個の炭化水素基が結合した化合物を**ケトン**と呼ぶ。

代表例

アセトン(ジメチルケトン)
$$CH_3COCH_3$$
$$\left(CH_3-\overset{\parallel}{\underset{O}{C}}-CH_3 \right)$$

エチルメチルケトン
$$CH_3COC_2H_5$$
$$\left(CH_3-\overset{\parallel}{\underset{O}{C}}-C_2H_5 \right)$$

ジエチルケトン
$$C_2H_5COC_2H_5$$
$$\left(C_2H_5-\overset{\parallel}{\underset{O}{C}}-C_2H_5 \right)$$

RUB OUT 2 ケトンの製法

第二級アルコールの酸化により得られる(p.66参照)。

例

2-プロパノール
$$\underset{\underset{CH_3}{|}}{CH_3CHOH}$$
酸化 ➡
アセトン
$$\underset{\underset{CH_3}{|}}{CH_3-C=O}$$
$$\left(\begin{array}{l} CH_3-\overset{\parallel}{\underset{O}{C}}-CH_3 \\ \text{または} \\ CH_3COCH_3 \\ \text{と書いた方がカッコイイ!!} \end{array} \right)$$

$$\underset{\underset{CH_3}{|}}{C_2H_5CHOH}$$
酸化 ➡
$$\underset{\underset{CH_3}{|}}{C_2H_5-C=O}$$
$$\left(\begin{array}{l} C_2H_5-\overset{\parallel}{\underset{O}{C}}-CH_3 \\ \text{または} \\ C_2H_5COCH_3 \\ \text{と書いた方がカッコイイ!!} \end{array} \right)$$

RUB OUT 3 ケトンの還元性…??

> アルデヒドとケトンは,ある意味兄弟分です!!この違いが重要!!

アルデヒドと違って, **ケトンには還元性がない!!**

RUB OUT 4 アセトン CH₃COCH₃

ケトンの中で有名なヤツはこのアセトン（汗豚じゃないぞ～っ🐷）しかいない‼

(i) アセトンの製法

❶ 2-プロパノールを酸化して得られる（前ページ参照）。

$$\underset{\text{2-プロパノール}}{\underset{\overset{|}{CH_3}}{CH_3CHOH}} \xrightarrow{\text{酸化}} \underset{\text{アセトン}}{CH_3COCH_3}$$

❷ **酢酸カルシウムを乾留する。**

この"乾留"というキーワードを忘れるな‼

$$\underset{\text{酢酸カルシウム}}{(CH_3COO)_2Ca} \longrightarrow \underset{\text{アセトン}}{CH_3COCH_3} + CaCO_3$$

❸ クメン法の副生成物となる（Theme 15 参照‼）。

(ii) アセトンの性質

❶ 無色で芳香のある揮発性の液体である。水とよく混ざり合う（水によく溶ける）。有機化合物を溶かすので，ジエチルエーテル同様，有機溶媒として用いられる。

❷ ヨードホルム反応を示す（Theme 12 参照‼）。

ここは入試でよく出るぜ！

Theme 9　カルボン酸のお話

RUB OUT 1　カルボン酸　R-COOH

分子内にカルボキシ基-**COOH**をもつ化合物を，**カルボン酸**と呼ぶ。

詳しく書くと
$$-\overset{\|}{\underset{O}{C}}-O-H$$

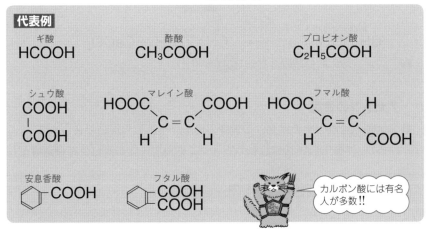

代表例

ギ酸
HCOOH

酢酸
CH₃COOH

プロピオン酸
C₂H₅COOH

シュウ酸
COOH
|
COOH

マレイン酸
HOOC　　　COOH
　　　C = C
H　　　　　H

フマル酸
HOOC　　　H
　　　C = C
H　　　　COOH

安息香酸
⬡-COOH

フタル酸
⬡〈COOH
　　COOH

カルボン酸には有名人が多数!!

RUB OUT 2　カルボン酸の分類

❶　カルボキシ基-**COOH**の数による分類

カルボキシ基が1つ 　一価カルボン酸(モノカルボン酸)

カルボキシ基が2つ 　二価カルボン酸(**ジカルボン酸**)

❷　炭素原子間の結合による分類

すべて単結合である　　飽和カルボン酸

二重結合，三重結合をもつ　　不飽和カルボン酸

❸　分子内の炭素数による分類

炭素数が少ない　　低級脂肪酸

炭素数が多い　　高級脂肪酸

アルコールのときの低級アルコールと高級アルコール（p.63参照!!）の理屈と同じですね。

❹　脂肪酸とは…??

鎖式一価カルボン酸のことを，特に**脂肪酸**と呼ぶ。

❺　ヒドロキシ酸とは…??

$$CH_3 - \overset{\displaystyle H}{\underset{\displaystyle OH}{C}} - COOH$$　（乳酸）のように，－OHをもつカルボン酸のことを

－COOHと－OHの両方をもつなんて欲張りだねぇ…

ヒドロキシ酸と呼びます。

RUB OUT ❸　カルボン酸の性質

❶　カルボン酸は水溶液中でわずかに電離して，**弱酸性**を示す。

$$RCOOH \rightleftharpoons RCOO^- + H^+$$

❷　低級脂肪酸は常温で液体であり水に溶けやすいが，高級脂肪酸は常温で固体で水に溶けにくい。

　分子中の炭素数が増えると融点が高くなり水に溶けにくくなる。理屈はアルコールのときと同じです。

❸　アルコールと反応してエステルをつくる（Theme **10**参照!!）。

❹　アミンと反応してアミドをつくる（Theme **16**参照!!）。

❺　第一級アルコールの酸化により，アルデヒドを経て，カルボン酸になる。

今回は，赤いシートでマジ暗記していただきます。

この酸化のお話は3回目の登場だぞーっ!!

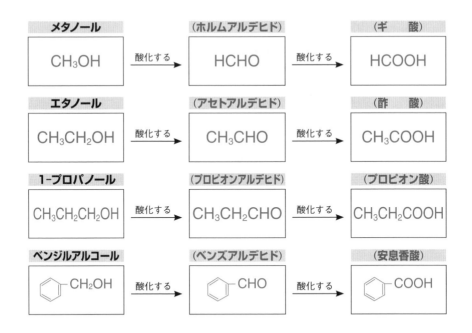

メタノール		（ホルムアルデヒド）		（ギ 酸）
CH_3OH	酸化する →	$HCHO$	酸化する →	$HCOOH$

エタノール		（アセトアルデヒド）		（酢 酸）
CH_3CH_2OH	酸化する →	CH_3CHO	酸化する →	CH_3COOH

1-プロパノール		（プロピオンアルデヒド）		（プロピオン酸）
$CH_3CH_2CH_2OH$	酸化する →	CH_3CH_2CHO	酸化する →	CH_3CH_2COOH

ベンジルアルコール		（ベンズアルデヒド）		（安息香酸）
◯—CH_2OH	酸化する →	◯—CHO	酸化する →	◯—$COOH$

RUB OUT 4 ギ酸HCOOHってスゴイ!!

(i) **ギ酸は還元性を示す!!**

アルデヒドじゃないのにーっ??

ギ酸以外のカルボン酸にはなかなかできないワザです!! 理由はギ酸

$HCOOH$の構造にあり!! 構造式をしっかり書くとその秘密が…。

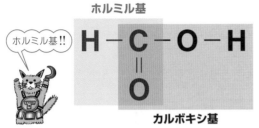

ホルミル基

ホルミル基!!

$$H-C-O-H$$

O（二重結合）

カルボキシ基

ギ酸$HCOOH$は分子中に**ホルミル基**をもちます。これが原因で**還元性を示す**ことになります。つまり，**銀鏡反応**と**フェーリング液の還元反応**(p.76参照!!)を示す!!

(ii) **一酸化炭素COが発生!!**

ギ酸を濃硫酸とともに熱すると，脱水されてCOが発生する。

ギ酸 一酸化炭素

$$HCOOH \xrightarrow[(濃H_2SO_4)]{} CO + H_2O$$

(iii) **その他の性質**

無色，**刺激臭**のある液体。他のカルボン酸より酸性が強く，毒性あり。皮膚を侵す。

ギ酸ってやるなぁ…

思えばかなり前のページから登場している気が…

RUB OUT 5 酢酸CH₃COOHは超有名!!

無色，**刺激臭**のある液体。おなじみ**食酢**の原料です。

さらに酢酸の二分子会合は有名で，酢酸は図のように**二量体**で存在している。

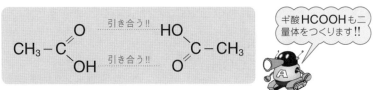

ギ酸HCOOHも二量体をつくります!!

注 上図の二量体をつくる原因となる引力（━━▶ 水素結合）については，『化学［理論化学編］』 Theme 25 を参照してください。

RUB OUT 6 酸無水物

2個の−COOH $\left(\begin{array}{c} -C-O-H \\ \| \\ O \end{array}\right)$ が近くにあると**脱水**が起こります。

$$
\begin{array}{c}
R-\overset{\overset{\displaystyle O}{\|}}{C}-O-H \\
R-\underset{\underset{\displaystyle O}{\|}}{C}-O-H
\end{array}
\longrightarrow
\begin{array}{c}
R-\overset{\overset{\displaystyle O}{\|}}{C} \\
\hspace{2em}O \\
R-\underset{\underset{\displaystyle O}{\|}}{C}
\end{array}
+ H_2O
$$

H₂Oがとれる!!

このようにカルボン酸から水がとれたものを**酸無水物**と呼ぶ。

覚えてほしい酸無水物の例は3つありまーす‼

❶ 酢酸 CH_3COOH の場合

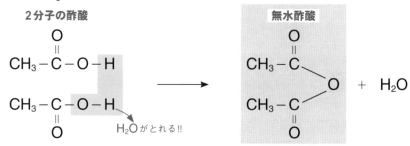

2分子の酢酸

$$CH_3-\overset{\overset{O}{\|}}{C}-O-H$$

$$CH_3-\overset{}{\underset{\underset{O}{\|}}{C}}-O-H$$

H_2O がとれる‼

無水酢酸

$$CH_3-\overset{\overset{O}{\|}}{C}$$
$$CH_3-\overset{}{\underset{\underset{O}{\|}}{C}}\overset{}{\diagdown}O$$

$+$　H_2O

注 この脱水反応には脱水剤（五酸化二リン P_4O_{10} など）が必要です。

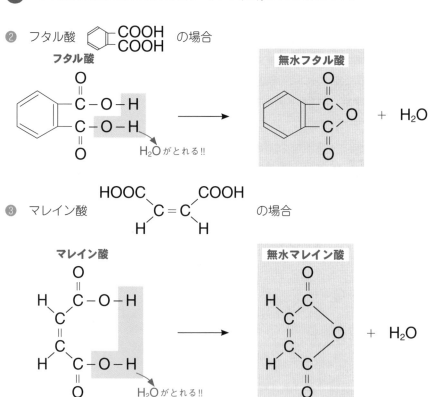

❷ フタル酸 $\underset{\text{COOH}}{\overset{\text{COOH}}{\bigcirc}}$ の場合

フタル酸

H_2O がとれる‼

無水フタル酸

$+$　H_2O

❸ マレイン酸 $\underset{H}{\overset{HOOC}{}}C=C\underset{H}{\overset{COOH}{}}$ の場合

マレイン酸

H_2O がとれる‼

無水マレイン酸

$+$　H_2O

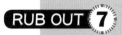 **RUB OUT 7 マレイン酸とフマル酸**

これも名コンビ!!

マレイン酸とフマル酸は互いに**シス―トランス異性体（幾何異性体）**の関係にあります。

p.48参照

水がとれないだけに"とらんす型"なんてね…

マレイン酸（シス形）

$$HOOC \underset{H}{\overset{}{\underset{}{}}} C = C \underset{H}{\overset{COOH}{}}$$

フマル酸（トランス形）

$$HOOC \underset{H}{\overset{}{}} C = C \underset{COOH}{\overset{H}{}}$$

RUB OUT 6 のような酸無水物をつくるのはシス形のマレイン酸のほうだけです‼ フマル酸はトランス形であるため，**−COOH**どうしが離れすぎてます。

問題17 ─ キソ

次の㋐〜㋕についてあとの各問いに答えよ。

㋐ HCOOH

㋑ CH_3COOH

㋒ $\underset{}{\overset{}{\bigcirc}}\!\!\begin{array}{c}COOH \\ COOH\end{array}$

㋓ $HOOC\!-\!\langle\!\bigcirc\!\rangle\!-\!COOH$

㋔ $HOOC \underset{H}{\overset{}{}} C = C \underset{H}{\overset{COOH}{}}$

㋕ $HOOC \underset{H}{\overset{}{}} C = C \underset{COOH}{\overset{H}{}}$

(1) 銀鏡反応を呈するものを選べ。

(2) 脱水剤を入れて加熱することにより酸無水物を生じるものを選べ。

ホルミル基

$$H-C-O-H$$
$$\overset{\|}{O}$$

ダイナミックポイント!!

(1) 銀鏡反応 ▬▬▶ **還元性**による。

カルボン酸の中で還元性を示すといえば**ギ酸HCOOH**です。

(2) 酸無水物をつくるといえば…

酢酸CH₃COOHから無水酢酸

フタル酸 $\begin{matrix}COOH\\COOH\end{matrix}$ から無水フタル酸

詳しいことは
p.84参照!

マレイン酸
$$\begin{matrix}HOOC & COOH\\ & C=C\\ H & H\end{matrix}$$ から無水マレイン酸

このうち，脱水剤が必要なのは，**酢酸CH₃COOH**です。

頭にすぐ浮かぶようにしておくこと!!

解答でござる

(1) ㋐

(2) ㋑

ポイントさえ押さえてお
けば楽勝だよね♥

(1) **還元性**といえば
ギ酸HCOOH

ちなみに…
㋓テレフタル酸といいます。
HOOC-◯-COOH
は，-COOHが離れす
ぎです。脱水しません!!
㋕ フマル酸
$$\begin{matrix}HOOC & H\\ & C=C\\ H & COOH\end{matrix}$$
も同じ理由でダメーっ!!
(p.85参照!!)

Theme 10　エステルのお話

アルコールとカルボン酸の友情の証です!!

RUB OUT 1　エステル R–COO–R′

カルボン酸とアルコールから水H_2Oがとれて**縮合**することを**エステル化**といい，その結果生じた化合物を**エステル**と呼ぶ。

何かがとれて連結すること

カルボン酸　　　　アルコール　　　　　　　　　　　　　エステル

$$R-\underset{O}{\overset{\parallel}{C}}-O-H+H-O-R' \xrightarrow{\text{エステル化}} R-\underset{O}{\overset{\parallel}{C}}-O-R' + H_2O$$

水がとれる!!　　　　　　　ここで結合!!　　とれた水です!!

例　酢酸とメタノールの混合物に濃硫酸を加えて温めると…

酢酸　　　　　　　メタノール　　　　　　　　　　　　酢酸メチル

$$CH_3-\underset{O}{\overset{\parallel}{C}}-O-H+H-O-CH_3 \xrightarrow{(濃H_2SO_4)} CH_3-\underset{O}{\overset{\parallel}{C}}-O-CH_3 + H_2O$$

水がとれる!!　　　　　　　　　ここで結合!!

スマートな化学反応式に直すと，

酢酸　　　　　メタノール　　　　　　　　　酢酸メチル

$$CH_3COOH + CH_3OH \longrightarrow CH_3COOCH_3 + H_2O$$

水がとれる!!　　　　ここで結合!!

注

㋐CH₃ ㋑C ㋒O ㋓CH₃を左右逆にして書くと ㋓CH₃ ㋒O ㋑C ㋐CH₃

示性式は　　　この微妙な表現の違いは押さえておいてね♥　　**示性式は**

㋐CH₃ ㋑CO ㋒O ㋓CH₃　　　　㋓CH₃ ㋒O ㋑CO ㋐CH₃

同じ化合物でも2通りの表現があります。　　　Cは必ず左に書く!!

88

ちょっと練習しましょう。

問題18 ─ キソ

次のカルボン酸とアルコールの混合物に，濃硫酸を加えて温めてエステル化したときに得られるエステルの示性式と名称を答えよ。

(1) ギ酸とメタノール　　(2) 酢酸とエタノール

(3) 酢酸と1-プロパノール　　(4) 安息香酸とメタノール

ダイナミックポイント!!

エステルの名称は単純です。□□酸□□□

> カルボン酸の名称がそのまま入ります!!

> CH_3-…メチル基
> C_2H_5-…エチル基
> $CH_3CH_2CH_2-$…プロピル基
> の基をとったものが入る。

解答でござる

(1) 示性式
  $HCOOCH_3$
  名称
  ギ酸メチル

(2) 示性式
  $CH_3COOC_2H_5$
  名称
  酢酸エチル

(3) 示性式
  $CH_3COOCH_2CH_2CH_3$
  名称
  酢酸プロピル

(4) 示性式
  $-COOCH_3$
  名称
  安息香酸メチル

 エステルは有名人どうしの友情の証

(1) ギ酸　メタノール　ギ酸メチル
$HCOOH + CH_3OH \longrightarrow HCOOCH_3 + H_2O$
H_2O がとれる!! ここで結合!!

(2) 酢酸　エタノール　酢酸エチル
$CH_3COOH + C_2H_5OH \longrightarrow CH_3COOC_2H_5 + H_2O$
H_2O がとれる!! ここで結合!!

(3) 酢酸　1-プロパノール
$CH_3COOH + CH_3CH_2CH_2OH$
酢酸プロピル　H_2O がとれる!!
$\longrightarrow CH_3COOCH_2CH_2CH_3 + H_2O$
ここで結合!!

(4) 安息香酸　メタノール　安息香酸メチル
$-COOH + CH_3OH \longrightarrow -COOCH_3 + H_2O$
H_2O がとれる!! ここで結合!!

RUB OUT 2　エステルの加水分解

エステルに希硫酸を加えて加熱すると**カルボン酸**と**アルコール**に分解する。この反応をエステルの**加水分解**と呼びます。

　ぶっちゃけ，**RUB OUT 1**で学習したエステル化の逆反応です。

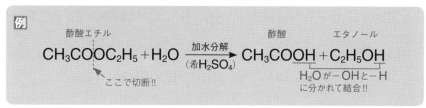

RUB OUT 3　エステルのけん化

エステルに塩基（NaOH，KOHなど）の水溶液を加えて加熱すると，加水分解して，**アルコールとカルボン酸の塩**になる。この反応をエステルの**けん化**と呼びます。

水H−O−Hと塩基Na−O−Hなどは構造が似ています。そこで，水が作用したわけじゃなくても，加水分解の仲間と考えます。

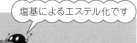

例　$CH_3COOC_2H_5 + NaOH \xrightarrow{\text{けん化}} CH_3COONa + C_2H_5OH$

Naはこちら側につきます!!

こんな問題はいかが??

問題19　ちょいムズ

　$C_4H_8O_2$の分子式をもつエステルを加水分解したところ，カルボン酸ⒶとアルコールⒷが得られた。アルコールⒷを二クロム酸カリウムで酸化すると化合物Ⓒが得られた。カルボン酸Ⓐと化合物Ⓒはともに銀鏡反応を示した。このとき，エステルの示性式を記せ。

ダイナミック解説

エステル ➡ $R_1 - \overset{O}{\underset{\|}{C}} - O - R_2$ …(＊)の構造をもつ。

これを加水分解すると…

$$R_1 - \overset{\|}{\underset{O}{C}} + O - R_2 + H_2O \longrightarrow R_1 - \overset{\|}{\underset{O}{C}} - O - H + R_2 - O - H$$

ここで切断!!   カルボン酸   アルコール H_2O から…

ここで，$R_1 - \overset{O}{\underset{\|}{C}} - O - H$ …Ⓐ $R_2 - O - H$ …Ⓑ

アルコールⒷを酸化して得られた化合物Ⓒが銀鏡反応(➡ 還元性)を示したことから，化合物Ⓒは**アルデヒド**とわかる。よって，アルコールⒷは**第一級アルコール**となる。

さらに，カルボン酸Ⓐも銀鏡反応(➡ 還元性)を示すことから，カルボン酸Ⓐは**ギ酸**$H - \overset{O}{\underset{\|}{C}} - O - H$と決定!!

還元性のあるカルボン酸は，ギ酸しかありません!!

以上から…

Ⓐは…$\underset{R_1}{H} - \overset{\overset{\text{ギ酸}}{}}{\underset{\underset{O}{\|}}{C}} - O - H$

エステルの分子式$C_4H_8O_2$中にC原子は4個!! つまり$4-1=3$です!!

Ⓐ内にC原子が1個あるから，Ⓑ内のC原子は3個である。

さらにⒷが第一級アルコールであることから…

Ⓑは…

$\underset{R_2}{CH_3CH_2CH_2}OH$となる。

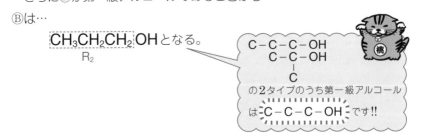

C−C−C−OH
C−C−OH
　　|
　　C

の2タイプのうち第一級アルコールは C−C−C−OH です!!

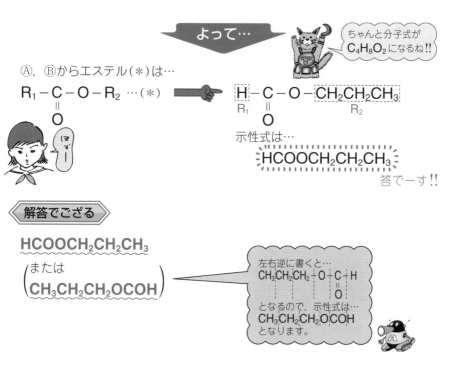

よって…

ちゃんと分子式が
$C_4H_8O_2$になるね!!

Ⓐ, Ⓑからエステル(＊)は…

$$R_1 - C - O - R_2 \cdots (＊)$$
$$\overset{\|}{O}$$

$$\underset{R_1}{H} - \overset{\|}{\underset{O}{C}} - O - \underset{R_2}{CH_2CH_2CH_3}$$

示性式は…

$$HCOOCH_2CH_2CH_3$$

答でーす!!

解答でござる

$$HCOOCH_2CH_2CH_3$$
または
$$\left(CH_3CH_2CH_2OCOH \right)$$

左右逆に書くと…
$$CH_3CH_2CH_2 + O + C + H$$
$$\overset{}{\underset{O}{\|}}$$
となるので, 示性式は…
$$CH_3CH_2CH_2OCOH$$
となります。

ちょっと言わせて

本問は $n=4$ に対応

　エステルで分子式が $C_nH_{2n}O_2$ で表された場合(たいていの入試問題はこのタイプです!!), エステル $R_1 - \overset{\|}{\underset{O}{C}} - O - R_2$ の炭化水素基である R_1 と R_2 中に不飽和結合はありません(すべて単結合)。C原子の骨組みを優先して考えれば, H原子の個数の問題も同時に解決できます。

Theme 11 油脂＆洗剤

ウザイヤツらが登場したぜ…

RUB OUT 1 油　脂（ゆし）

ここも大事な内容です！

　高級脂肪酸（炭素数の多い鎖式一価カルボン酸）と三価のアルコールであるグリセリンのエステルを**油脂**といいます。

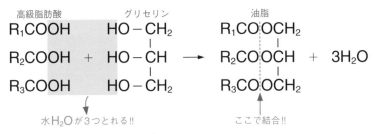

（R_1，R_2，R_3 は任意です。もとの高級脂肪酸により多種多様!!）

RUB OUT 2 油脂の分類

① 構成脂肪酸の分類（炭素原子間の結合による分類）

(イ) すべて単結合である 　　➡ 飽和脂肪酸

(ロ) 二重結合，三重結合を含む 　➡ 不飽和脂肪酸

② 性質による分類

(イ) 空気中で固化しやすく不飽和脂肪酸を多く含む 　➡ **乾性油**（かんせいゆ）

大豆油，あまに油など

(ロ) 空気中で固化せず不飽和脂肪酸をあまり含んでいない 　➡ **不乾性油**

つばき油，オリーブ油など

(ハ) 乾性油と不乾性油の中間の性質をもつ 　➡ **半乾性油**

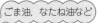
ごま油，なたね油など

❸　状態による分類

(イ)　常温で液体である
　　　（植物性の油に多いね♥）　　**脂肪油**

(ロ)　常温で固体である
　　　（動物性に多し!!　あな
　　　たのお腹のまわりに…）　**脂　　　肪**

RUB OUT 3　油脂の性質

❶　水に溶けにくい。有機溶媒（エーテルなど）によく溶ける。

『水と油』って表現がありますね!!　　なるほど

❷　不飽和度の高い脂肪酸を多く含む油脂は常温で液体で，においがきつく使い
ものにならないものが多い。そこで，ニッケルを触媒として**水素を付加**させ
ると，成分の不飽和脂肪酸が飽和脂肪酸に変化し，常温で固体となり，におい
が弱くなる。こうして得られた油脂を**硬化油**と呼ぶ。マーガリンが有名です。

❸　油脂はエステルの仲間なので，加水分解してもとの脂肪酸とグリセリンに戻
ります。

$$
\begin{array}{ccccccc}
\underset{\text{油脂}}{\text{CH}_2-\text{OCOR}_1} & \underset{\text{水が3つ!!}}{\text{H}-\text{O}-\text{H}} & & \underset{\text{グリセリン}}{\text{CH}_2-\text{OH}} & & \underset{\text{脂肪酸}}{\text{R}_1\text{COOH}} \\
\text{CH}-\text{OCOR}_2 & + & \text{H}-\text{O}-\text{H} & \longrightarrow & \text{CH}-\text{OH} & + & \text{R}_2\text{COOH} \\
\text{CH}_2-\text{OCOR}_3 & & \text{H}-\text{O}-\text{H} & & \text{CH}_2-\text{OH} & & \text{R}_3\text{COOH}
\end{array}
$$

脂肪酸が3つできる!!　　　ケンカするかぁー??

❹　油脂はエステルの仲間なので**けん化**をします。

水酸化ナトリウムによるけん化によって合成された脂肪酸のナトリウム塩が
セッケン。

$$
\begin{array}{ccccccc}
\underset{\text{油脂}}{\text{CH}_2-\text{OCOR}_1} & \underset{\text{3つの水酸化ナトリウム!!}}{\text{NaOH}} & & \underset{\text{グリセリン}}{\text{CH}_2-\text{OH}} & & \underset{\text{セッケン}}{\text{R}_1\text{COONa}} \\
\text{CH}-\text{OCOR}_2 & + & \text{NaOH} & \longrightarrow & \text{CH}-\text{OH} & + & \text{R}_2\text{COONa} \\
\text{CH}_2-\text{OCOR}_3 & & \text{NaOH} & & \text{CH}_2-\text{OH} & & \text{R}_3\text{COONa}
\end{array}
$$

脂肪酸のナトリウム塩が3つ!!

94

念のために詳しく書くと…

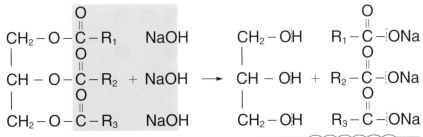

RUB OUT **4** セッケン

キレイにしましょ♥

RUB OUT **3** の❹で登場したセッケンは次の構造をもつ。

疎水基　　親水基

水によくなじむ部分　　水になじみにくい部分

セッケンは，**親水基**と**疎水基**の両方をもつため，セッケン水をつくると次のような現象が起こる‼

水面では，水側に親水基を向けてきれいに並ぶ。

水中では親水基を外側に向けて球状の粒子（ミセルと呼びます）をつくり，分散します。

そこで‼

セッケンが水と空気の境界（＝**界面**(かいめん)）に並ぶことにより，水の表面張力を低下させるので，水がセッケン水になると繊維のすみずみまで浸透するようになります。セッケンのように溶液の表面張力を低下させる作用をもつ物質を**界面活性剤**と呼びます。

セッケンの洗浄作用は次のとおりです。

行くぜーっ!!	君は完全に包囲されている!!	油滴　ざまあみろ!!　油滴
油滴 繊維	油滴 繊維	繊維

セッケン分子たちが油滴，油汚れに向かってまっしぐら!!

セッケン分子は疎水基を油滴側に向けて油滴を包囲します。

おーっと!!　油滴が包み込まれてはがされていく!!

このとき，油は水中に分散し**乳濁液**となり，この現象を**乳化**といいます。

ザ・まとめ

赤字のところをシートで隠して覚えてくれ!!

セッケン分子は**界面活性剤**で，水に混ぜると水の**表面張力**を低下させて，繊維に浸透しやすいセッケン水になる。油滴のついた繊維にこのセッケン水を浸透させると，**乳化作用**により油滴を包み込み，水中に分散させるので，繊維から油汚れを除去することができる。

注　セッケンには欠点がありまして……。Ca^{2+}やMg^{2+}を多く含む**硬水**にセッケンを溶かすと，カルシウム塩やマグネシウム塩の沈殿により**泡立ちにくく**なり洗浄力が**低下**する。

さらに，セッケンは加水分解して**弱塩基性**を呈するため，動物性繊維（絹や羊毛など）の洗浄には向かない!!

大切な衣類をいためてしまうぜっ!!

RUB OUT 5 合成洗剤

合成洗剤はセッケンと同じく分子中に親水基と疎水基をもちます。ただ，セッケンと違うのは，**強酸と強塩基の塩**であるところです。よって，硬水にもよく溶け，加水分解せず**ほぼ中性**を示します（セッケン $R-COONa$ は脂肪酸 $R-COOH$ が弱酸で $NaOH$ が強塩基なので塩基性となります）。

つまり，動物性繊維（絹や羊毛）の洗浄にも使えまっせ♥

合成洗剤には，**高級アルコール系合成洗剤**と**石油系合成洗剤**があります。

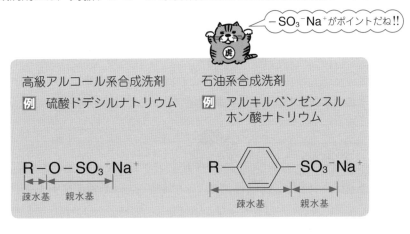

$-SO_3^-Na^+$ がポイントだね!!

高級アルコール系合成洗剤
例 硫酸ドデシルナトリウム

石油系合成洗剤
例 アルキルベンゼンスルホン酸ナトリウム

$$R-O-SO_3^-Na^+$$
疎水基　親水基

$$R-\langle\bigcirc\rangle-SO_3^-Na^+$$
疎水基　親水基

洗剤だ!! 洗剤だー!!　　洗剤だ!! 洗剤だー!!　　洗剤だ!! 洗剤だー!!

Theme 12 ヨードホルム反応

幸せの黄色い沈殿

　エタノール，2-プロパノール，アセトアルデヒド，アセトンにヨウ素I_2と水酸化ナトリウム水溶液（または炭酸ナトリウム水溶液）を加えて温めると，特有の臭気をもった**ヨードホルム**（CHI_3）の**黄色沈殿**が生成する。この反応を**ヨードホルム反応**という。

赤い文字が多いな…

ヨードホルム反応を示す噂の部分

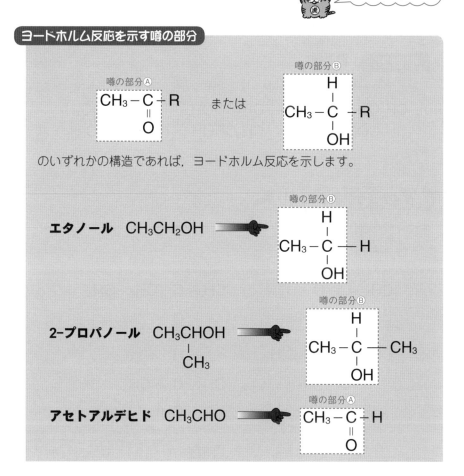

噂の部分Ⓐ

$$CH_3-\underset{\underset{O}{\|}}{C}-R$$

または

噂の部分Ⓑ

$$CH_3-\underset{\underset{OH}{|}}{\overset{\overset{H}{|}}{C}}-R$$

のいずれかの構造であれば，ヨードホルム反応を示します。

噂の部分Ⓑ

エタノール　CH_3CH_2OH

$$CH_3-\underset{\underset{OH}{|}}{\overset{\overset{H}{|}}{C}}-H$$

噂の部分Ⓑ

2-プロパノール　CH_3CHOH
　　　　　　　　　　$\overset{|}{CH_3}$

$$CH_3-\underset{\underset{OH}{|}}{\overset{\overset{H}{|}}{C}}-CH_3$$

噂の部分Ⓐ

アセトアルデヒド　CH_3CHO

$$CH_3-\underset{\underset{O}{\|}}{C}-H$$

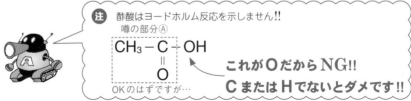

では練習です。

次の⑦〜⑰の化合物の中から，ヨードホルム反応を示すものを選べ。

⑦ CH_3OH　　　　　　⑦ CH_3COOH　　　⑰ $CH_3COC_2H_5$

⑤ $CH_3COOC_2H_5$　　⑦ CH_3CHOH　　　　⑰ $C_2H_5OC_2H_5$
　　　　　　　　　　　　　　　　｜
　　　　　　　　　　　　　　　CH_3

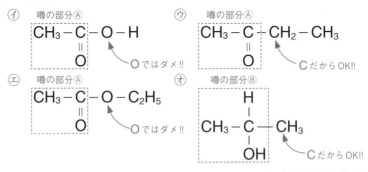

前ページ参照!!

⑦，⑰は論外!!

総合力を試してみよう♥

問題21 ── ちょいムズ

分子式がC_3H_8Oで表される３種類の有機化合物A，B，Cがある。

(ア)　各化合物を二クロム酸カリウムで酸化すると，A，Bは酸化され，それぞれD，Eを生じた。

(イ)　A，Dはアルカリ溶液中でヨウ素と反応し，特異臭のある沈殿を生じた。

(ウ)　Eはフェーリング液を還元し赤色沈殿を生じた。

(1)　化合物A，B，C，D，Eの示性式を記せ。

(2)　(イ)により生じた化合物の化学式と名称，さらに色を答えよ。

(3)　(ウ)で生じた赤色の化合物の化学式と名称を答えよ。

ダイナミック解説

問題15 (p.73)と同様で，C_3H_8Oは$C_nH_{2n+2}O$のタイプなので，すべて単結合の**アルコール**または**エーテル**である。

そこで!!

Hは無視して，CとOの骨組を中心に考えると…

① C－C－C－O　or　② C－C－O　or　③ C－C－O－C
　　　　　　　　　　　　　　　｜
　　　　　　　　　　　　　　　C

の３タイプしかありません。つまり，これらが化合物A，B，Cである。

Hを書き加えると…

① $CH_3-CH_2-CH_2-OH$

② $CH_3-CH-OH$
　　　　　｜
　　　　CH_3

③ $CH_3-CH_2-O-CH_3$

このとき，

① CH₃ − CH₂ − CH₂ − OH　（第一級アルコール）　→（酸化）　④ CH₃ − CH₂ − CHO　（アルデヒド）　還元性!!

② CH₃ − CH − OH　（第二級アルコール）　→（酸化）　⑤ CH₃ − C = O （CH₃COCH₃）　（ケトン）
　　　　|
　　　 CH₃
　　　　　　　　　　　　　　　　　　　　　　　　　　　　　　|
　　　　　　　　　　　　　　　　　　　　　　　　　　　　　 CH₃

③ CH₃ − CH₂ − O − CH₃　（エーテル）　→　酸化されない!!

この段階で，(ア)からC ➡ ③が決定する!!

さらに…

(イ)はまさにヨードホルム反応のお話であるから，

②は

　　　　　　H
　　　　　　|
CH₃ − C ── CH₃
　　　　　　|
　　　　　 OH
ヨードホルム反応
を示す部分

⑤はCH₃ − C − CH₃
　　　　　　|
　　　　　　O
ヨードホルム反
応を示す部分

A ➡ ②　　　D ➡ ⑤　が同時決定!!

残りも自動的に決まるから…

B ➡ ①　　　E ➡ ④　となる。

(ウ)の条件は，いわばダメ押しで，④つまりEがアルデヒドであることを再認識したにすぎない。

╭─ 解答でござる ─╮

(1)では名称も下に添えておきます

(1)

	A	B	C	D	E
	CH₃CHOH | CH₃	CH₃CH₂CH₂OH	CH₃CH₂OCH₃	CH₃COCH₃	CH₃CH₂CHO
	2-プロパノール	1-プロパノール	エチルメチルエーテル	アセトン	プロピオンアルデヒド

(2) 化学式 CHI₃　名称 ヨードホルム　色 黄色

(3) 化学式 Cu₂O　名称 酸化銅（Ⅰ）

基本は大丈夫??
(2)はp.97参照!!
(3)はp.76参照!!

Theme 13 鏡像異性体

RUB OUT 1 不斉炭素原子とは??

　右の図のように1個の炭素原子にイロハ
ニの異なる原子または原子団が結合してい
るとき，この炭素原子を**不斉炭素原子**と
呼び，C^* と表現したりします。

$$ロ - \overset{イ}{\underset{ニ}{C^*}} - ハ$$

不斉炭素原子

例
$$CH_3 - \overset{H}{\underset{OH}{C^*}} - COOH$$
不斉炭素原子

RUB OUT 2 鏡像異性体

　不斉炭素原子をもつ化合物の立体
構造には，右の図のような2通りの構
造が存在します。これらはまさに右手
と左手のような関係で，回転しても互
いに重ね合わすことができない。つま
り異性体である!!　このような異性体
を**鏡像異性体**(光学異性体)と呼びま
す。鏡像異性体は物理的・化学的性質
がほとんど同じです。

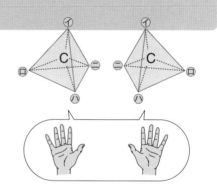

例

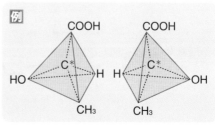

102

では練習です。

問題22 — 標準

次の㋐〜㋐の化合物の中から，鏡像異性体が存在するものを選べ。

㋐ CH₃CH₂CHOH
          |
          CH₃

㋑   CH₂COOH

    HO − CHCOOH

㋒   CH₃
            |
  CH₃CH₂ − C − OH
            |
            CH₃

㋓ 〔ベンゼン環〕−CH₂CHCOOH
                    |
                    CH₃

ダイナミックポイント!!

1個の炭素原子の4つの腕に，すべて異なるものが結合している炭素原子(不斉炭素原子C*)を見つければOK!!

㋐
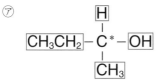

㋑
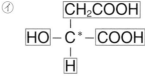

㋒
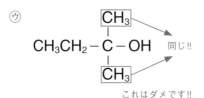

㋓
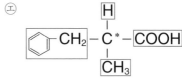

 解答でござる ㋐，㋑，㋓

 こんなに答えがイッパイあったとは…

Theme 14　芳香族炭化水素

をもつ炭化水素のことです

RUB OUT **1**　ほうこうぞく
芳香族炭化水素

そうなんだ…

ベンゼン環をもつ炭化水素を**芳香族炭化水素**と呼びます。

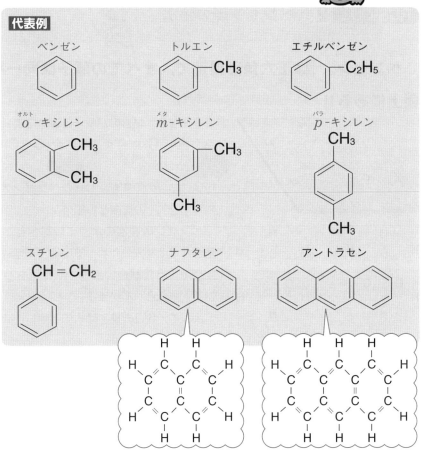

代表例

注 ベンゼン環に２つの基が結合するとき，オルト(o-)，メタ(m-)，パラ(p-)の３種類の異性体が存在します。このような異性体を**位置異性体**と呼ぶ。

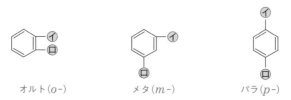

オルト(o-) 　　メタ(m-) 　　パラ(p-)

RUB OUT 2 ベンゼン環の秘密

正六角形かぁーっ!!

ベンゼン◯は正六角形構造で，すべての原子は同一平面上にある!!

6個のCと6個のH

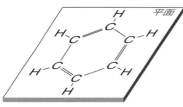

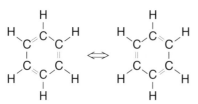

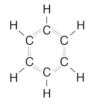

とゆーわけで…

本来なら，結合のパワーの違いにより単結合（C−C）は長く二重結合（C＝C）は

弱い…　　強い!!

短いはずなのですが，なぜかベンゼンは正六角形!!　その理由として…

ベンゼンは左図のように単結合と二重結合が絶えず入れかわっていて，平均してすべて1.5重結合のような状態になっていると考えられています。

よって，6辺の長さはすべて等しくなり正六角形となります。

そこで!!　ベンゼン環において単結合と二重結合は区別しません!!　例えば…

は，一見違う化合物に見えますが，同一の化合物です。

RUB OUT 3 ベンゼンの性質

❶ 特異臭をもつ揮発性の無色の液体。水に溶けず，有機化合物をよく溶かすことから，ジエチルエーテルなどと同様に，有機溶媒として用いられます。

❷ RUB OUT 2 でも学習しましたが，ベンゼンの二重結合は特別なものです。よって，付加反応より**置換反応のほうがよく起こる!!**

> 二重結合といえば付加反応のはずだったんですが…

RUB OUT 4 ベンゼンの製法

p.53で登場したね!!

❶ 触媒を用いてアセチレン3分子を重合させる!!

$$3CH \equiv CH \longrightarrow$$

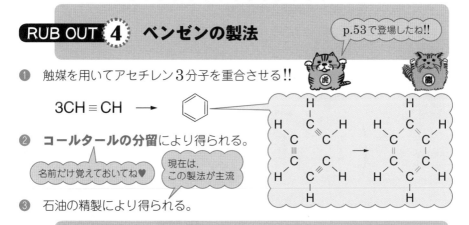

❷ **コールタールの分留**により得られる。

> 名前だけ覚えておいてね♥

> 現在は，この製法が主流

❸ 石油の精製により得られる。

RUB OUT 5 ベンゼンの置換反応いろいろ

(i) **ハロゲン化**

ベンゼンに鉄粉を触媒としてCl_2やBr_2のハロゲンを作用させると，水素がハロゲンに置換されて，ハロゲン化物になる。

❶ ベンゼン + 塩素 → クロロベンゼン

$$\bigcirc + Cl_2 \xrightarrow{(Fe)} \bigcirc-Cl + HCl$$

HClがとれる!!　　置換された!!

$\left(\cdots +Cl-Cl \rightarrow \cdots + HCl \right)$

分子式で表現すると…

$$C_6H_6 + Cl_2 \longrightarrow C_6H_5Cl + HCl$$

C₆H₆といえば◯しかないので大雑把（おおざっぱ）に表してOK!!

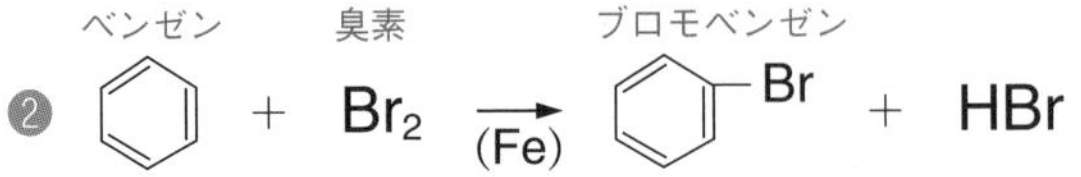

❷ ベンゼン 臭素 ブロモベンゼン

◯ + Br₂ →(Fe)→ ◯−Br + HBr

(ii) ニトロ化

　ベンゼンに**濃硫酸と濃硝酸**を作用させると，ベンゼンのHが**ニトロ基−NO₂**に置換されます。このような変化を**ニトロ化**という。

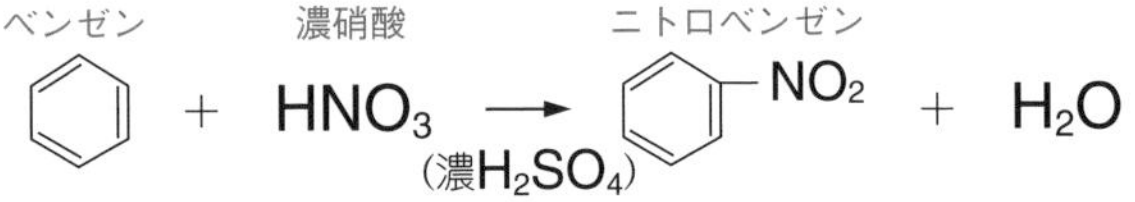

ベンゼン 濃硝酸 ニトロベンゼン

◯ + HNO_3 (濃H_2SO_4) → ◯−NO_2 + H_2O

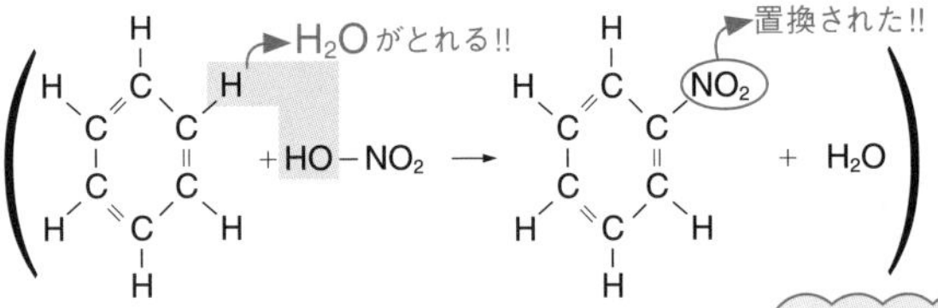

（ H₂Oがとれる!! 置換された!!
+ HO−NO₂ → (NO₂) + H₂O ）

濃H_2SO_4と濃HNO_3を
ダブルで作用させるとこ
ろがポイントです!!

(iii) スルホン化

　ベンゼンに**濃硫酸**を加えて熱すると，ベンゼンのHが**スルホ基−SO₃H**に置換されます。このような変化を**スルホン化**という。

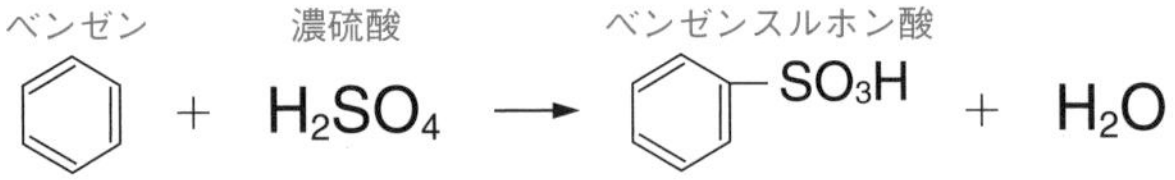

ベンゼン 濃硫酸 ベンゼンスルホン酸

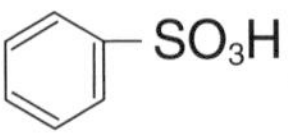

◯ + H_2SO_4 → ◯−SO_3H + H_2O

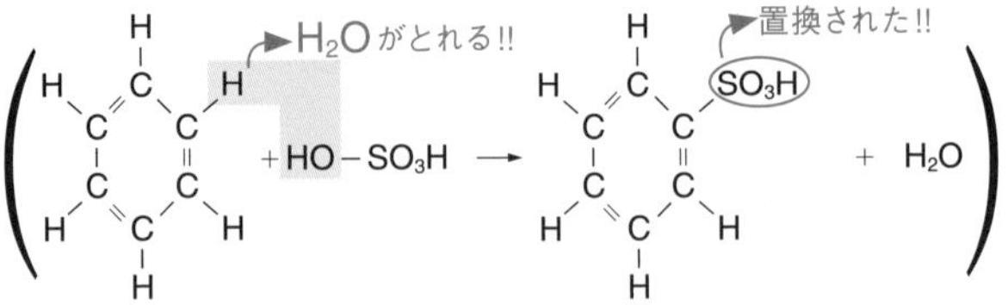

（ H₂Oがとれる!! 置換された!!
+ HO−SO₃H → (SO₃H) + H₂O ）

☞ ベンゼンスルホン酸 ◯−SO_3H は強酸性を示す。

RUB OUT 6　ベンゼンの付加反応

ベンゼンは置換反応がメインですが，付加反応もあるっちゃぁあります。

ベンゼンの二重結合は特別で，非常に安定しています（ RUB OUT 2 参照!!）。

そこで!!　この二重結合を切るためには，それなりの触媒が必要となります。

❶　ベンゼンにニッケルを触媒として高温・高圧下で水素を作用させる。

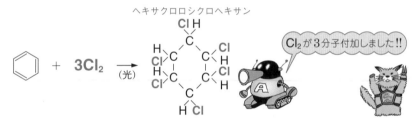

H₂が３分子付加しました!!

❷　ベンゼンに光を当てながら塩素を作用させる。

Cl₂が３分子付加しました!!

RUB OUT 7　その他の芳香族炭化水素

（ i ）　トルエン 〈構造式〉 CH₃

❶　無色・特異臭をもつ液体である。ベンゼンに似た性質をもつ。

❷　トルエンのニトロ化

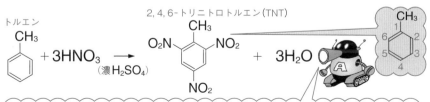

なぜ右の 2, 4, 6 の位置にニトロ基 −NO₂ がつくのか?? は考えなくてよい。難しい問題で，大学で習います。あと，2, 4, 6-トリニトロトルエン（TNT）は黄褐色の結晶で爆薬に用いられます。

(ii) **キシレン**

3種の位置異性体が存在します。

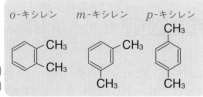

o-キシレン　m-キシレン　p-キシレン

(iii) **ナフタレン** 詳しい構造は p.103参照!!

ナフタレンは特異臭をもつ昇華性の結晶。防虫剤として有名。

問題23 ─ **キソ**

次の(1)～(4)を化学反応式を用いて表せ。

(1) ベンゼンに濃硫酸と濃硝酸を作用させる。

(2) ベンゼンに濃硫酸を加えて熱する。

(3) ベンゼンに鉄粉を触媒として臭素を加える。

(4) ベンゼンにニッケルを触媒として水素を加える。

ダイナミックポイント!!

濃硫酸と濃硝酸のダブル ➡ **ニトロ化**

濃硫酸のみ ➡ **スルホン化**

なるほど！

解答でござる

(1) ⬡ + **HNO₃** →(H₂SO₄) ⬡-**NO₂** + **H₂O**

$$\text{⬡} + HNO_3 \xrightarrow{H_2SO_4} \text{⬡}-NO_2 + H_2O$$

(2) ⬡ + **H₂SO₄** → ⬡-**SO₃H** + **H₂O**

$$\text{⬡} + H_2SO_4 \longrightarrow \text{⬡}-SO_3H + H_2O$$

(3) ⬡ + **Br₂** →(Fe) ⬡-**Br** + **HBr**

$$\text{⬡} + Br_2 \xrightarrow{Fe} \text{⬡}-Br + HBr$$

(4) ⬡ + **3H₂** →(Ni)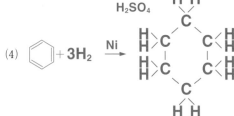

$$\text{⬡} + 3H_2 \xrightarrow{Ni} \text{シクロヘキサン}$$

(1) ニトロ化
(2) スルホン化 ┐ 置換反応
(3) ハロゲン化 ┘
(4) 付加反応
すべてはp.105～107参照!!

Theme 15　フェノール類のお話

ベンゼン環に直接
−OHが!!

RUB OUT 1　フェノール類

ベンゼン環やナフタレン環にヒドロキシ基**−OH**が**直接**結合した化合物を
フェノール類と呼びます。

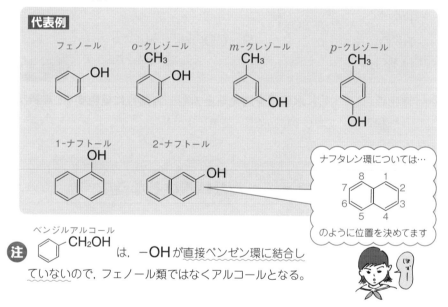

代表例

フェノール

o-クレゾール

m-クレゾール

p-クレゾール

1-ナフトール

2-ナフトール

ナフタレン環については…

```
    8   1
  7       2
  6       3
    5   4
```

のように位置を決めてます

注　ベンジルアルコール　CH_2OH　は，−OHが直接ベンゼン環に結合し
ていないので，フェノール類ではなくアルコールとなる。

RUB OUT 2　フェノール類とアルコールの比較

(ⅰ)　**アルコールと同様，金属ナトリウムと反応して水素を発生!!**

フェノール

2　OH　$+2Na$　⟶　2　ONa　$+H_2$ ↑

ナトリウムフェノキシド

比較として…

メタノール　　　　　　　　　　ナトリウムメトキシド
$$2CH_3OH + 2Na \longrightarrow 2CH_3ONa + H_2\uparrow$$

o-クレゾール　　　　　　　名前はどうでもいい!!

$$2\,\text{（CH}_3\text{環）OH} + 2Na \longrightarrow 2\,\text{（CH}_3\text{環）ONa} + H_2\uparrow$$

(ii) **アルコールと違って，水に溶けるものは弱酸性を示す。**

ちなみに，酸性の強さランキングは…

 かなり弱いです!!

BIG 3　　ベンゼンスルホン酸　　　カルボン酸　　　　炭酸　　　フェノール

$$\begin{array}{l}HCl\\HNO_3\\H_2SO_4\end{array} \& \quad \text{（環）}SO_3H \quad > R-COOH > \begin{array}{c}H_2CO_3\\(CO_2+H_2O)\end{array} > \text{（環）}OH$$

ビリです!!

(iii) **塩化鉄（Ⅲ）$FeCl_3$ 水溶液を加えると赤紫〜青紫色に呈色する。**

 沈殿じゃないぞ!!　注意しよう!!

RUB OUT 3　フェノールのいろいろな反応

 赤いシートの登場だぁーっ!!　バンバン覚えてくれ!!

Question	Answer	Comment
(1) フェノールに無水酢酸を作用させて得られる化合物の化学式と名称を答えよ。	化学式 （環）OCOCH$_3$　　名　称 酢酸フェニル	(1) 

(2) フェノールに濃硫酸と濃硝酸を加えることにより得られる化合物の化学式と名称を答えよ。	**化学式** O₂N─⟨OH⟩─NO₂ 　　　NO₂ **名　称** **2,4,6-トリニトロフェノール** **（ピクリン酸）**	(2) 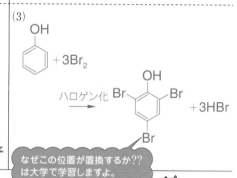 濃硫酸と濃硝酸をダブルで加えるといえばニトロ化でしたね!!
(3) フェノールに臭素を作用させることにより得られる化合物の化学式と名称を答えよ。	**化学式** Br─⟨OH⟩─Br 　　　Br **名　称** **2,4,6-トリブロモフェノール**	(3) OH ⟨ ⟩ +3Br₂ ハロゲン化 → Br─⟨OH⟩─Br 　　　Br +3HBr なぜこの位置が置換するか??は大学で学習しますよ。

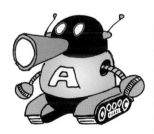

┌ **プロフィール** ─────

クリスティーヌ

おむちゃんを救うべく，遠い未来から現れた教育プランナー。見た感じはロボットのようですが，詳細は不明💛

虎君はクリスティーヌが大好きのようですが，桃君はクリスティーヌが発言すると，迷惑そうです。

RUB OUT 4 フェノールの製法

赤字のところはシートで暗記してください!!

(i) **クメン法**

クメン法は流れだけ押さえればOK!! 正確な化学反応式は書けなくてよろしい。

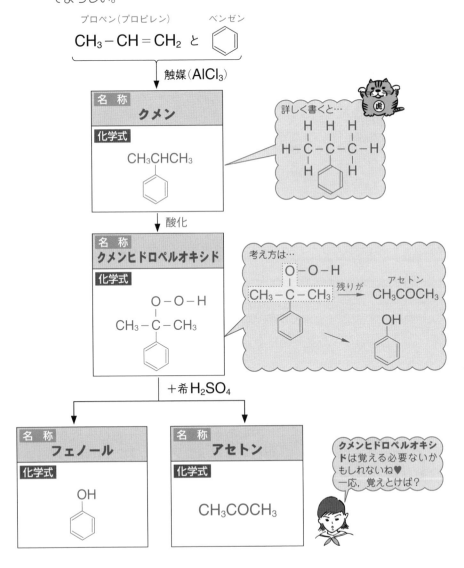

プロペン（プロピレン）
ベンゼン

$$CH_3 - CH = CH_2 \ と$$

触媒（$AlCl_3$）

名 称	クメン
化学式	CH_3CHCH_3

詳しく書くと…

酸化

名 称	クメンヒドロペルオキシド
化学式	CH_3-C-CH_3 ($O-O-H$)

考え方は…

$CH_3 - C - CH_3$ （$O-O-H$） 残りが → アセトン CH_3COCH_3

$+ 希 H_2SO_4$

名 称	フェノール
化学式	OH

名 称	アセトン
化学式	CH_3COCH_3

クメンヒドロペルオキシドは覚える必要ないかもしれないね♥
一応，覚えとけば？

(ⅱ)　**アルカリ融解法**

👆　これも流れを押さえておくべし!!　Let's 赤いシート!!

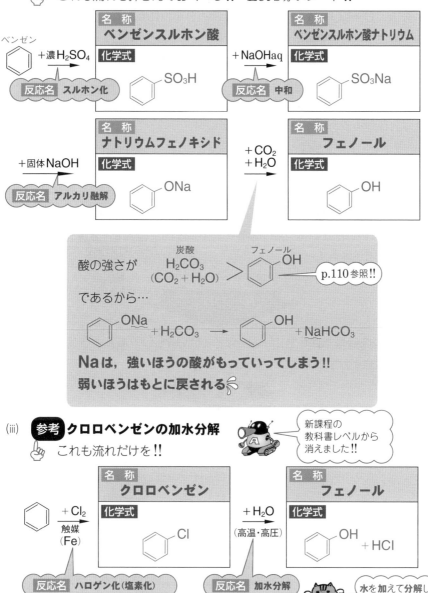

有名な問題をおひとつ♥

問題24 ── 標準 ──

分子式C_7H_8Oの異性体について，次の各問いに答えよ。

(1) 異性体は何種類あるか。

(2) (1)のうち，塩化鉄(Ⅲ)水溶液を加えると呈色反応を示すものは何種類あるか。

(3) (1)のうち，酸化することにより還元性を示す化合物となるものの構造式は何種類あるか。

ダイナミック解説

(1) C_7H_8O ➡ C原子が7個であることに対して，H原子は8個しかない 少なすぎる!!

なるほど…

こんなときは必ず…

⬡ が分子内に含まれています。

とゆーわけで…

⬡内にC原子は6個!! この分子式はC_7H_8Oであるからベンゼン環の外側にC原子が1個ある!!

そこで!!

ひとまずOは無視して考えると…

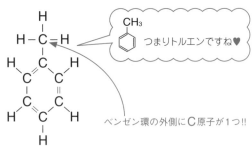

CH₃ つまりトルエンですね♥

ベンゼン環の外側にC原子が1つ!!

今のところ，分子式はC_7H_8である。分子式C_7H_8Oに足りないのは，O原子1つのみ!!

よって!!

仕上げは，どこかに－O－をはさみ込むだけです!!

その場合の数は…

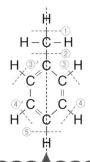

対称性から，③＝③′，④＝④′であること

に注意すると，－O－をはさみ込める場所は，

①，②，③，④，⑤の5通りです!!

このラインに対して左右対称です!!

つまーり!!

分子式 C_7H_8O の異性体は，

①にイン!!	②にイン!!	③にイン!!	④にイン!!	⑤にイン!!
OH CH₂	CH₃ O	CH₃ OH	CH₃ OH	CH₃ OH

よって，異性体の数は**5**種類

答でーす!!

(2)　塩化鉄（Ⅲ）で呈色反応　　　　　　　　　　フェノール類

(3)　酸化すると還元性のある化合物　　　　　　　第一級アルコール

　　　（つまりアルデヒドが生成!!）

　　　これさえ押さえられれば，(2)，(3)は楽勝!!

楽勝だぜ♪

解答でござる

(1)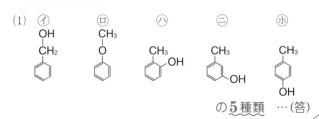

　　　　　　　　　　　　　　　　　　　　の**5**種類　…(答)

ちなみに，
㋑はベンジルアルコール
㋺はアニソール
㋩は *o*-クレゾール
㊁は *m*-クレゾール
㋭は *p*-クレゾール

(2)　フェノール類には(1)の㋩，㊁，㋭が該当する。

　　　　　　　　よって，**3**種類　…(答)

㋺はエーテルだぞ～っ!!
アルコールじゃないぞ～っ!!

(3)　第一級アルコールは，(1)の㋑のみである。

　　　　　　　　よって，**1**種類　…(答)

ちょこっと演習タイムです。

問題25 ─ 標準

　次の文の①～⑨の空欄に，適当な語句または数値を入れよ。

　ベンゼン分子の1個のHが−OHで置換された化合物　①　は，工業的にはベンゼンと　②　から　③　法によってつくられる。トルエンのベンゼン環の1個のHが−OHで置換された化合物　④　の異性体は　⑤　種類存在する。一方，ナフタレン分子の1個のHが−OHで置換された化合物　⑥　の異性体は　⑦　種類存在する。　①　や　④　や　⑥　などの水溶液は，炭酸より　⑧　い酸性を示し，また　⑨　溶液を加えると，紫色を呈する。

ダイナミックポイント!!

①がわからなかったら話になりません**!!**

　は，**フェノール**です。

有名すぎるぜ～っ!!

②，③は**クメン法**についてのお話です。

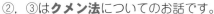

クメン法

クメン法についてはp.112を復習してくださいね♥

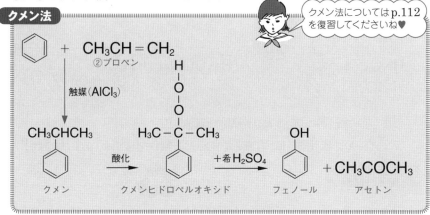

④，⑤は，**クレゾール**のお話です。

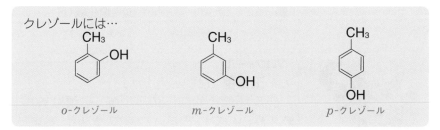

クレゾールには…

o-クレゾール　　m-クレゾール　　p-クレゾール

の**3**種類の異性体が存在します。

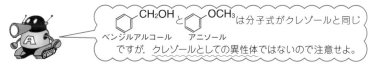

ベンジルアルコール　アニソール

CH_2OH と OCH_3 は分子式がクレゾールと同じですが，クレゾールとしての異性体ではないので注意せよ。

⑥，⑦は，**ナフトール**のお話です。

p.109参照!!

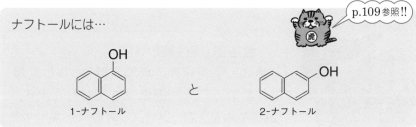

ナフトールには…

1-ナフトール　　と　　2-ナフトール

の**2**種類の異性体が存在します。

⑧ **酸性の強弱についてのお話です!!**

p.110参照!!

BIG3!!　　　ベンゼンスルホン酸　　　カルボン酸　　　炭酸　　　フェノール

$$HCl \atop HNO_3 \ \& \atop H_2SO_4 \qquad SO_3H \ > \ R-COOH \ > \ H_2CO_3 \atop (CO_2+H_2O) \ > \ OH$$

ビリです

つまり，フェノールは炭酸より酸性は**弱い!!**

⑨ フェノールに**塩化鉄(Ⅲ)**溶液を加えると，紫色を呈する(p.110参照!!)。

解答でござる

特にクメン法は大切!!

① <u>フェノール</u>　　② <u>プロペン(プロピレン)</u>　　③ <u>クメン</u>

④ <u>クレゾール</u>　　⑤ <u>3</u>　　　　　　　　　　　⑥ <u>ナフトール</u>

⑦ <u>2</u>　　　　　　　⑧ <u>弱</u>　　　　　　　　　　　⑨ <u>塩化鉄(Ⅲ)</u>

プロフィール
玉三郎(食いしん坊!)
　虎次郎と仲良しの小型猫。品種は美声で名高いソマリで毛はフサフサ，少し気まぐれな性格ですが気になることはとことん追究する性分です!!　玉三郎も**オムちゃん**の飼い猫です。

プロフィール
金四郎(実は賢い!!)
　桃太郎を兄貴と慕う大型猫。少し乱暴な性格なので虎次郎には嫌われてます。品種はノルウェージャンフォレストキャットで超剛毛!!　夏はかなり暑そうです。もちろんオムちゃんの飼い猫です。

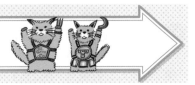

Theme 16　アミンのお話

RUB OUT 1　アミンとは…??

　一般に，アンモニアNH_3の水素原子を炭化水素基で置換した化合物を**アミン**と呼びます。

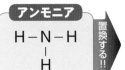

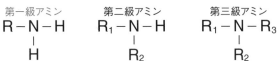

第一級アミン　　　　　第二級アミン　　　　　第三級アミン

しかし，$\overset{第一級アミン}{R-N-H}$つまり$R-NH_2$の形だけが有名になってしまいました。

　　　　　$|$
　　　　　H

$-NH_2$を特に**アミノ基**と呼びます。

グループ活動しているミュージシャンやお笑い芸人でも，1人で有名になっちゃってることってあるでしょ!?

RUB OUT 2　アミノ基の性質

① アミノ基は**塩基性**を示す。　　　塩基性

$$R-NH_2 + H_2O \rightleftharpoons R-NH_3^+ + OH^-$$

お気づきかもしれませんが，アンモニアに似ています。

アンモニアの場合は…
$$NH_3 + H_2O \rightleftharpoons NH_4^+ + OH^-$$
上の式のRのところがHになっただけだね♥

② カルボン酸とアミドをつくる。

$$\overset{カルボン酸}{R_1-COOH} + \overset{(第一級)アミン}{R_2-NH_2} \longrightarrow \overset{アミド}{R_1-CONH-R_2} + H_2O$$

詳しく書くと…

ここで結合!!

$$\left(R_1-\underset{O}{\overset{|}{C}}-O-H + R_2-\underset{H}{\overset{|}{N}}-H \longrightarrow R_1-\underset{\underset{O}{\|}}{C}+\underset{H}{\overset{|}{N}}-R_2 + H_2O \right)$$

H_2Oがとれる!!　**アミド結合**と呼ぶ

RUB OUT 3 　芳香族アミンの代表アニリン $\diagdown$NH$_2$

　第一級アミンの中で，特に重要なのがアミノ基－**NH$_2$**が直接ベンゼン環に結合した**芳香族アミン**である。さらに，その中で最重要なのが**アニリン**である。

(i) アニリンの製法

　　ニトロベンゼンを**スズ**と**塩酸**で**還元**すると，**アニリン塩酸塩**が得られ，これに水酸化ナトリウム水溶液を加えると，アニリンが遊離する。

ニトロベンゼン $\diagdown$NO$_2$ $\xrightarrow[還元]{Sn,\ HCl}$ アニリン塩酸塩 $\diagdown$NH$_3$Cl $\xrightarrow[弱塩基の遊離]{NaOH}$ アニリン $\diagdown$NH$_2$

(ii) アニリンの性質

① **弱塩基性**を示す。

$\diagdown$NH$_2$ $+$H$_2$O $\longrightarrow$ $\diagdown$NH$_3{}^+$ $+$OH$^-$ （塩基性）

② 特異臭をもつ油状の液体で，毒性あり。

◯がらみで，気体はありえない!!

なるほど…

③ アニリンに**さらし粉**の水溶液を加えると，**赤紫色に呈色**する。

名前だけ押さえればよい!!

注 沈殿じゃないぞ!!

④ アニリンにニクロム酸カリウム溶液を加えて酸化すると，**アニリンブラック**と呼ばれる黒色の物質が得られ，染料に用いられる。

染まってしまいました…

え…??

RUB OUT **4** アニリンから誘導される化合物

(ⅰ) **アニリンに塩酸を加える**

👉 アニリンは**弱塩基性**なので，酸と反応して**中和**反応が起こる。

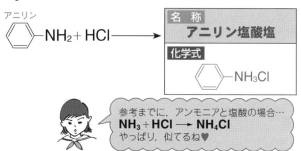

参考までに，アンモニアと塩酸の場合…
NH₃＋HCl ⟶ NH₄Cl
やっぱり，似てるね♥

(ⅱ) **アニリンに無水酢酸を加える**

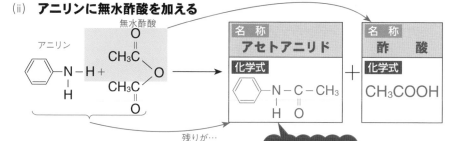

スマートに書き直すと…

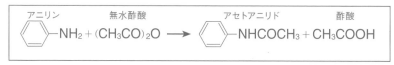

👉 このように，アセチル基 $CH_3-\overset{O}{\underset{\|}{C}}-$ が置換される反応を**アセチル化**という。

👉 **アセトアニリド**の分子中にある $-\overset{H}{\underset{\|}{N}}-\overset{O}{\underset{\|}{C}}-$ の部分を**アミド結合**と申します（p.119参照）。

(ⅲ) **ジアゾ化する**   （キーワード!!）

アニリンの希塩酸溶液（アニリン塩酸塩の水溶液）を冷やしながら**亜硝酸ナトリウム（NaNO₂）**を作用させると，**塩化ベンゼンジアゾニウム**が生成する。この反応を**ジアゾ化**と呼ぶ。

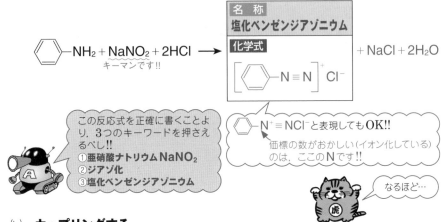

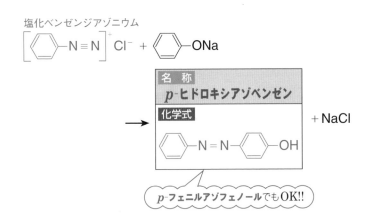

(iv) **カップリングする**

塩化ベンゼンジアゾニウム水溶液にナトリウムフェノキシド水溶液を加えると，橙赤色の化合物*p*-**ヒドロキシアゾベンゼン**ができる。 このような反応を**カップリング（ジアゾカップリング）**という。

このように，分子内に−**N**＝**N**−をもつ化合物を，一般的に**アゾ化合物**と呼ぶ。−**N**＝**N**−をアゾ基と呼び，このアゾ基を含む芳香族化合物は，黄〜赤色の美しい色をもち，**アゾ染料**という。

アニリンについての演習コーナーです!!

問題26 ── 標準

次の文の①〜⑨の空欄に適当な語句を入れよ。

アニリンは，　①　をスズと　②　で還元し，これに NaOH 溶液を加えることにより得られる。

アニリンと　③　と塩酸を氷冷しながら生成させた　④　はフェノールの希 NaOH 溶液と　⑤　反応を起こして　⑥　ができる。

また，アニリンに無水酢酸を作用させると　⑦　と弱酸である　⑧　が得られる。

さらに，アニリンにさらし粉を加えると　⑨　色に呈色する。

ダイナミックポイント!!

①，② アニリンの製法についてのお話です（p.120 参照!!）。

$$\underset{\text{①ニトロベンゼン}}{\underset{\displaystyle \bigcirc}{}}NO_2 \xrightarrow[\text{還元!!}]{\text{Snと}^{②}\text{塩酸}} \underset{\text{アニリン塩酸塩}}{\underset{\displaystyle \bigcirc}{}}NH_3Cl \xrightarrow[\text{遊離!!}]{NaOH} \underset{\text{アニリン}}{\underset{\displaystyle \bigcirc}{}}NH_2$$

③〜⑥ このあたりは，名前が長ったらしいからイヤだよねー（p.121 参照!!）。

$$\underset{\text{アニリン}}{NH_2} + \underset{\text{③亜硝酸ナトリウム}}{NaNO_2} + \underset{\text{塩酸}}{2HCl} \longrightarrow \left[\underset{\text{④塩化ベンゼンジアゾニウム}}{N \equiv N}\right]^+ Cl^- + NaCl + 2H_2O$$

フェノール＋希 NaOH で得られる!!

$$\left[\underset{\text{塩化ベンゼンジアゾニウム}}{N \equiv N}\right]^+ Cl^- + \underset{\substack{\text{ナトリウム}\\\text{フェノキシド}}}{ONa} \longrightarrow \underset{\substack{\text{⑥}p\text{-ヒドロキシアゾベンゼン}\\(p\text{-フェニルアゾフェノール})}}{N = N} OH + NaCl$$

2つ目の反応を⑤**カップリング**反応といいましたね!!

124

⑦⑧　これは重要ですぞ!!　（詳しくはp.121参照!!）

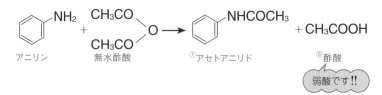

⑨　アニリン＋さらし粉 ⟶ ⑨赤紫色を呈する!!　（p.120参照!!）

① ニトロベンゼン　　② 塩酸　　③ 亜硝酸ナトリウム

④ 塩化ベンゼンジアゾニウム　　⑤ カップリング

⑥ *p*-ヒドロキシアゾベンゼン（*p*-フェニルアゾフェノール）

⑦ アセトアニリド　　⑧ 酢酸　　⑨ 赤紫

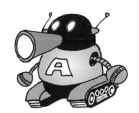

RUB OUT ① サリチル酸

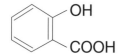

ベンゼン環に－**OH**と－**COOH**の両方が結合した化合物を**サリチル酸**といいます。

確かに欲張りですね…

RUB OUT ② サリチル酸の製法

ナトリウムフェノキシドに，高温・高圧下で二酸化炭素を反応させることにより得られる。

－COONaのNaを奪うために強酸H_2SO_4が登場!!

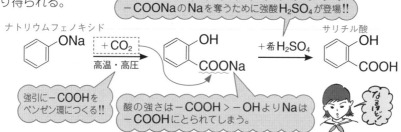

強引に－COOHをベンゼン環につくる!!

酸の強さは－COOH＞－OHよりNaは－COOHにとられてしまう。

RUB OUT ③ サリチル酸の性質

カルボン酸の性質とフェノール類の性質をあわせもつ。

フェノール類としての性質あり!!

カルボン酸としての性質あり!!

ともに，弱酸性を示す基であるので，当然サリチル酸も**弱酸性**を示す。

RUB OUT 4 サリチル酸から誘導される化合物

（ⅰ） **濃硫酸を触媒として，サリチル酸に無水酢酸を作用させる**

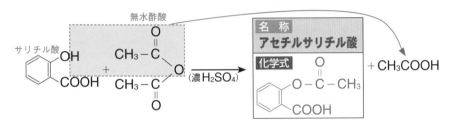

スマートに書き直すと…

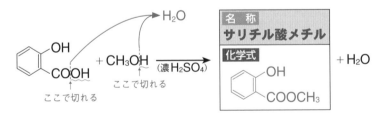

この反応は**エステル化**であるが，アセチル基 $CH_3-\overset{O}{\underset{\|}{C}}-$ が置換していることから，**アセチル化**とも考えられる。

アセチルサリチル酸は，アスピリンとも呼ばれ，解熱鎮痛剤として用いられる。

（ⅱ） **濃硫酸を触媒として，サリチル酸にメタノールを作用させる**

これは，ふつうに**エステル化**です。

サリチル酸メチルは，消炎鎮痛剤として用いられる。

家にある救急箱に入っているものばかりですね

Theme 18　むちゃぶりな酸化たち

RUB OUT 1　何でも－COOHに!!

ベンゼン環は比較的安定で酸化されにくいが，**炭素原子を含む側鎖は酸化剤** (KMnO₄など) によって酸化されて，**カルボキシ基 －COOH**になる。

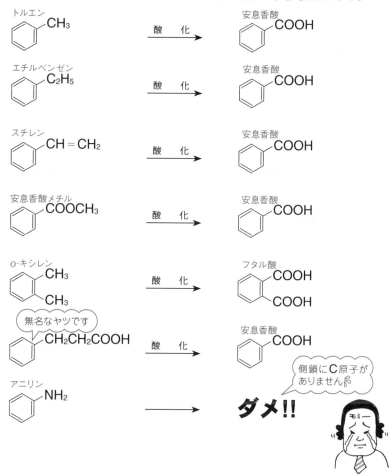

128

五酸化バナジウムや五酸化ニバナジウムとも呼ぶ

RUB OUT **2** 仕事人 V_2O_5（酸化バナジウム（Ⅴ））

❶ ナフタレンを高温，V_2O_5触媒で空気酸化すると，無水フタル酸が得られる。

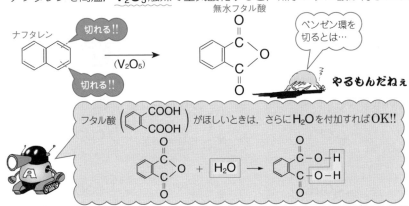

❷ ベンゼンを高温，V_2O_5触媒で空気酸化すると，無水マレイン酸が得られる。

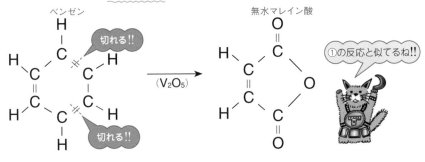

では，演習のお時間で一す!!

問題27 ちょいムズ

次の文を読んで，あとの各問いに答えよ。

分子式 C_8H_{10} の芳香族炭化水素 A，B，C，D がある。A，B，C，D を過マンガン酸カリウムで酸化すると，それぞれ E，F，G，H が得られたが，F，G，H に比べて E の炭素数だけが1つ少なかった。① E をメタノールに溶かし，濃硫酸を加えて加熱すると，I に変化した。② F を約230℃に加熱したところ，容易に脱水が起こって J に変化したが，同様に G，H を加熱しても脱水反応は起こらなかった。また，③ J は分子式 $C_{10}H_8$ の芳香族炭化水素 K を酸化バナジウム (V) の触媒下で，空気酸化しても得られる。J は水と徐々に反応して，F に戻る。

一方，C に濃硫酸と濃硝酸の混合物を作用させると，ニトロ基を1個含む化合物（モノニトロ化合物）がただ1種類生じた。

(1) 化合物 A，B，C，D の構造式を書け。

(2) 化合物 E，F，G，H の構造式と名称をそれぞれ書け。

(3) 下線部①，②の変化を，化学反応式で書け。

(4) 下線部③の化合物 K の名称を書け。

ダイナミックポイント!!

◯がらみです!!

ポイント1 A，B，C，D は，分子式 C_8H_{10} の芳香族炭化水素です。

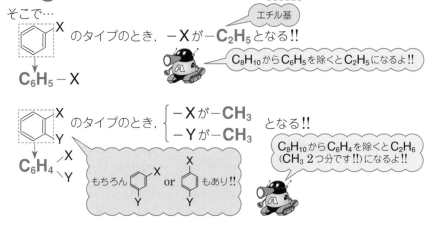

そこで…

エチル基

のタイプのとき，$-X$ が $-C_2H_5$ となる!!

C_6H_5-X

C_8H_{10} から C_6H_5 を除くと C_2H_5 になるよ!!

のタイプのとき，$\begin{cases} -X \text{ が} -CH_3 \\ -Y \text{ が} -CH_3 \end{cases}$ となる!!

$C_6H_4 \diagdown \begin{matrix} X \\ Y \end{matrix}$

C_8H_{10} から C_6H_4 を除くと C_2H_6（CH_3 2つ分です!!）になるよ!!

もちろん or もあり!!

つまーり!!

A，B，C，Dは…

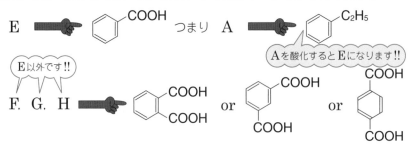

のいずれかであーる!!

ポイント2 A，B，C，Dを酸化するとそれぞれE，F，G，Hになります。

p.127参照!! **"むちゃぶりな酸化"**シリーズです!!

Cを含む側鎖はすべて
−COOHとなってし
まうのかーっ!!

ここで!! Eが他のF，G，HよりCの数が1つ少なかったことから…

E ☞ 〈benzene〉-COOH つまり A ☞ 〈benzene〉-C₂H₅

Aを酸化するとEになります!!

E以外です!!

F，G，H ☞ 〈benzene〉(COOH)₂ or 〈benzene〉(COOH)₂ or 〈benzene〉(COOH)₂

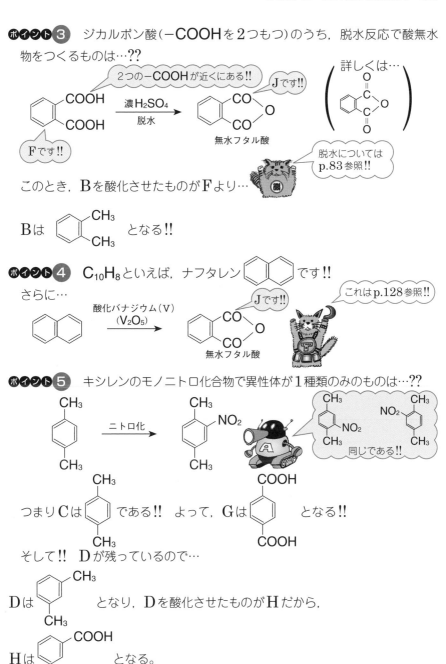

ポイント③ ジカルボン酸（−COOHを2つもつ）のうち，脱水反応で酸無水物をつくるものは…??

2つの−COOHが近くにある!!

Jです!!

濃H₂SO₄
脱水

無水フタル酸

詳しくは…

脱水については
p.83参照!!

Fです!!

このとき，Bを酸化させたものがFより…

Bは〔CH₃ CH₃〕となる!!

ポイント④ C₁₀H₈といえば，ナフタレン　です!!

さらに…

酸化バナジウム(V)
(V₂O₅)

Jです!!

これはp.128参照!!

無水フタル酸

ポイント⑤ キシレンのモノニトロ化合物で異性体が1種類のみのものは…??

ニトロ化

CH₃ NO₂ CH₃

CH₃ NO₂ CH₃
NO₂ CH₃

同じである!!

つまりCは〔CH₃ CH₃〕である!! よって，Gは〔COOH COOH〕となる!!

そして!! Dが残っているので…

Dは〔CH₃ CH₃〕となり，Dを酸化させたものがHだから，

Hは〔COOH COOH〕となる。

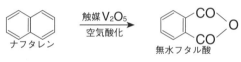

p.128参照!!

ナフタレン　触媒 V₂O₅ 空気酸化　無水フタル酸

さらに，無水フタル酸は水と徐々に反応してフタル酸となる。

無水フタル酸　+ H₂O ⟶　フタル酸

解答でござる

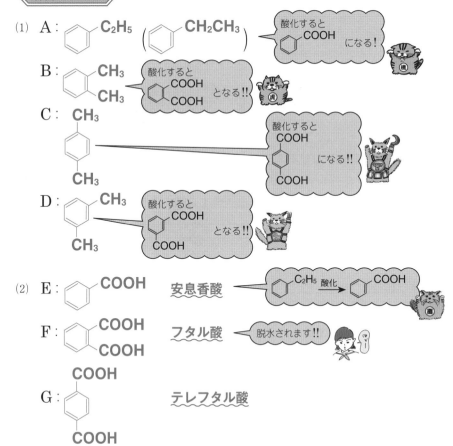

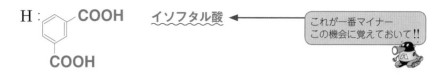

H : ⟨⟩−COOH　イソフタル酸 ← これが一番マイナー
　　　COOH　　　　　　　　　　この機会に覚えておいて‼

(3)　①

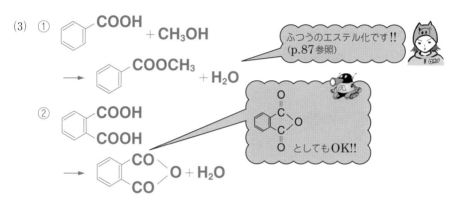

⟨⟩−COOH + CH₃OH

→ ⟨⟩−COOCH₃ + H₂O

ふつうのエステル化です‼
(p.87参照)

②

⟨⟩COOH
　COOH

→ ⟨⟩CO⟩O + H₂O
　　CO

としてもOK‼

(4)　ナフタレン ← ナフタレンのV₂O₅を触媒としての酸化は覚えておくべし‼
　　　　　　　　　やややマニアックですがp.128参照‼

プロフィール
　　チューリーちゃん（6才）
　妖精学校「花組」の福を招く少女妖精。
　「虫組」ティンカーベルとは大の仲良し‼ 妖精界に年齢
は関係ないようだ…

Theme 19 有機化合物を分離せよ!!

有機化合物を分離(抽出)する問題には，必ず次の2つの用語が登場します。

水　層 👉 有機塩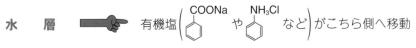などがこちら側へ移動

してきます(水に溶けやすいもので…)。

エーテル層 👉 反応しなかったそのままの有機化合物
(有機層，油層)

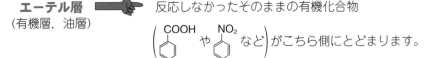などがこちら側にとどまります。

問題28 ちょいムズ

　ベンゼン，ニトロベンゼン，フェノール，安息香酸，アニリンを含むエーテル溶液がある。それぞれを分離するために，下の図の①〜⑥の操作を行いA〜Dに各成分を分離した。

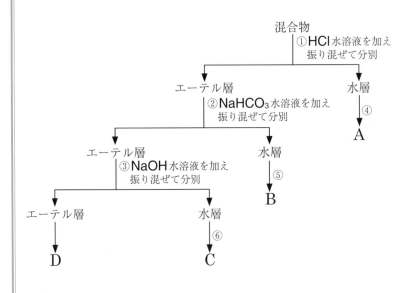

(1)　④, ⑤, ⑥として適当な操作を書け。

(2)　A, B, Cの化合物の名称を書け。

(3)　Dには2種類の化合物が存在する。これを分離するために湯浴器を用いて蒸留したエーテル中に残ったほうの化合物の名称を書け。

ダイナミックポイント!!

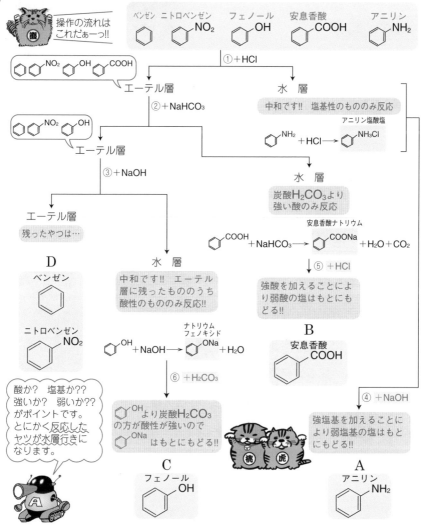

136

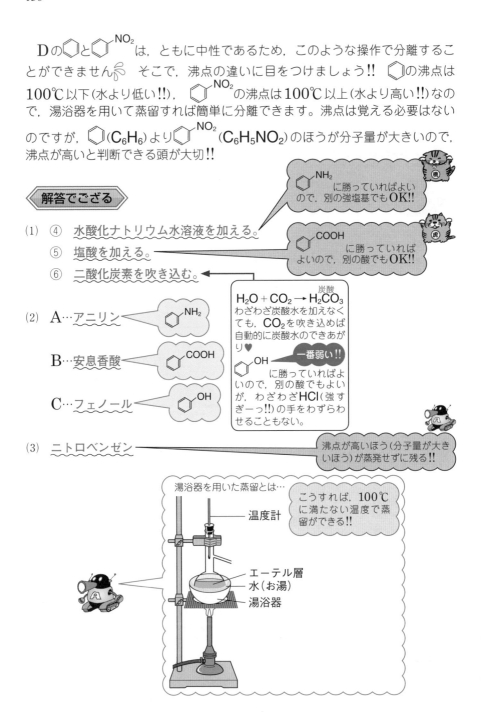

Dの◯と◯NO₂は，ともに中性であるため，このような操作で分離することができません そこで，沸点の違いに目をつけましょう‼ ◯の沸点は100℃以下（水より低い‼），◯NO₂の沸点は100℃以上（水より高い‼）なので，湯浴器を用いて蒸留すれば簡単に分離できます。沸点は覚える必要はないのですが，◯(C_6H_6)より◯NO₂($C_6H_5NO_2$)のほうが分子量が大きいので，沸点が高いと判断できる頭が大切‼

解答でござる

◯NH₂ に勝っていればよいので，別の強塩基でもOK‼

(1) ④ 水酸化ナトリウム水溶液を加える。
⑤ 塩酸を加える。

◯COOH に勝っていればよいので，別の酸でもOK‼

⑥ 二酸化炭素を吹き込む。

$H_2O + CO_2 \rightarrow H_2CO_3$ 炭酸
わざわざ炭酸水を加えなくても，CO_2を吹き込めば自動的に炭酸水のできあがり♥ ◯OH 一番弱い‼ に勝っていればよいので，別の酸でもよいが，わざわざHCl（強すぎーっ‼）の手をわずらわせることもない。

(2) A…アニリン ◯NH₂

B…安息香酸 ◯COOH

C…フェノール ◯OH

(3) ニトロベンゼン

沸点が高いほう（分子量が大きいほう）が蒸発せずに残る‼

湯浴器を用いた蒸留とは…

こうすれば，100℃に満たない温度で蒸留ができる‼

温度計
エーテル層
水（お湯）
湯浴器

 補足でござる

操作のようすは次のとおり…

分液ろうと

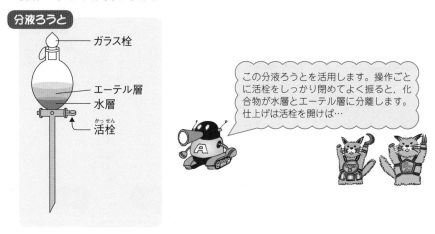

この分液ろうとを活用します。操作ごとに活栓をしっかり閉めてよく振ると，化合物が水層とエーテル層に分離します。仕上げは活栓を開けば…

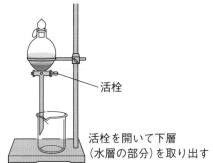

活栓

活栓を開いて下層（水層の部分）を取り出す

分液ろうとの先はビーカーの器壁に密着させておこう!!

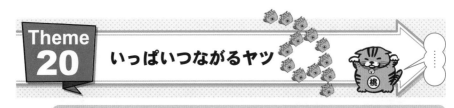

Theme 20　いっぱいつながるヤツ

RUB OUT 1　付加重合（ふ　か　じゅうごう）

ビニル基（$CH_2 = CH-$）をもつ化合物は，いっぱい連結します。

切れる！　　切れる！　　切れる！　　切れる！

$$\cdots\cdots + CH_2 \overset{=}{\ } CH + CH_2 \overset{=}{\ } CH + CH_2 \overset{=}{\ } CH + CH_2 \overset{=}{\ } CH + \cdots\cdots$$
　　　　　　　　　（R）　　　　　（R）　　　　　（R）　　　　　（R）

連結！　　　連結！　　　連結！　　　連結！　　　連結！

$$\rightarrow \cdots\cdots - CH_2 - CH - CH_2 - CH - CH_2 - CH - CH_2 - CH - \cdots\cdots$$
　　　　　　　　（R）　　　　（R）　　　　（R）　　　　（R）

☛ $\overset{}{[}CH_2 - CH\overset{}{]}_n$　　　いっぱい連結したという意味です。
　　　　　　（R）

このとき，もとになる化合物 $CH_2 = CH$（R）を**単量体（モノマー）**（たんりょうたい）と呼び，いっぱい連結した $[CH_2 - CH]_n$（R）を**重合体（ポリマー）**（じゅうごうたい）と呼びます。

モノマーとポリマー

このように，付加反応でいっぱい連結することを**付加重合**と呼びます。これには，いろいろ例がありますので暗記してください‼ （R）のところにいろいろなものを当てハメただけです。

単量体（モノマー）	重合体（ポリマー）
(1) **エチレン** $CH_2 = CH_2$	(1) **ポリエチレン** $\left[CH_2 - CH_2 \right]_n$
(2) **塩化ビニル** $CH_2 = CHCl$	(2) **ポリ塩化ビニル** $\left[\begin{array}{c} CH_2 - CH \\ \hspace{1.2em} Cl \end{array} \right]_n$
(3) **酢酸ビニル** $CH_2 = CH$ $\hspace{2em} OCOCH_3$	(3) **ポリ酢酸ビニル** $\left[\begin{array}{c} CH_2 - CH \\ \hspace{2em} OCOCH_3 \end{array} \right]_n$
(4) **スチレン** $CH_2 = CH$ 	(4) **ポリスチレン** $\left[CH_2 - CH \right]_n$
(5) **アクリロニトリル** $CH_2 = CH$ $\hspace{2em} CN$	(5) **ポリアクリロニトリル** $\left[\begin{array}{c} CH_2 - CH \\ \hspace{1.2em} CN \end{array} \right]_n$

RUB OUT 2　縮合重合

　縮合重合（縮重合）とは，単量体（モノマー）から縮合（結合の際，H_2O などの分子がとれる!!）によって，重合体（ポリマー）をつくる重合のことである。

140

（i）**ポリエステル**

単量体（モノマー）が，

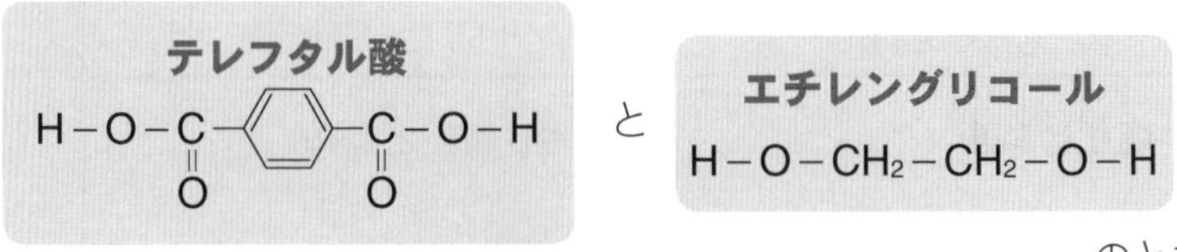

テレフタル酸

H-O-C〔 〕C-O-H
　　‖　　　　　‖
　　O　　　　　O

と

エチレングリコール

H-O-CH₂-CH₂-O-H

のとき…

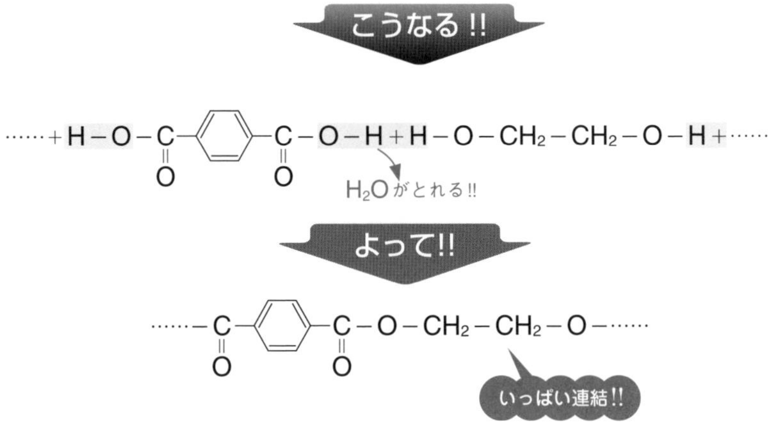

こうなる!!

……+H-O-C〔 〕C-O-H+H-O-CH₂-CH₂-O-H+……
　　　　　‖　　　　‖
　　　　　O　　　　O

H₂Oがとれる!!

よって!!

……-C〔 〕C-O-CH₂-CH₂-O-……
　　‖　　　　‖
　　O　　　　O

いっぱい連結!!

カッコよく書くと…

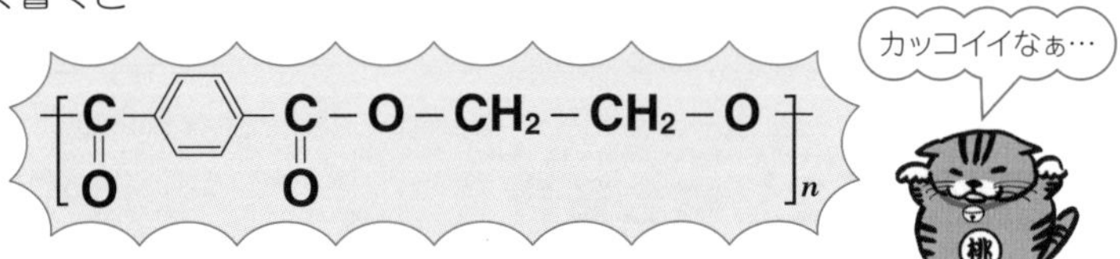

$$\left[\begin{array}{c} C \\ \| \\ O \end{array}〔 \quad 〕\begin{array}{c} C \\ \| \\ O \end{array} -O-CH_2-CH_2-O\right]_n$$

カッコイイなぁ…

これを**ポリエチレンテレフタラート（ポリエステル）**と申します。

エステル結合がいっぱい!!

(ii) **ポリアミド**

単量体が,

アジピン酸	と	ヘキサメチレンジアミン
$H-O-\underset{\underset{O}{\|\|}}{C}-(CH_2)_4-\underset{\underset{O}{\|\|}}{C}-O-H$		$H-\underset{\underset{H}{\|}}{N}-(CH_2)_6-\underset{\underset{H}{\|}}{N}-H$

のとき…

こうなる‼

$\cdots\cdots+H-O-\underset{\underset{O}{\|\|}}{C}-(CH_2)_4-\underset{\underset{O}{\|\|}}{C}-O-H+H-\underset{\underset{H}{\|}}{N}-(CH_2)_6-\underset{\underset{H}{\|}}{N}-H+\cdots\cdots$

H_2O がとれる‼

よって‼

$\cdots\cdots-\underset{\underset{O}{\|\|}}{C}-(CH_2)_4-\underset{\underset{O}{\|\|}}{C}-\underset{\underset{H}{\|}}{N}-(CH_2)_6-\underset{\underset{H}{\|}}{N}-\cdots\cdots$

いっぱい連結‼

カッコよく書くと…

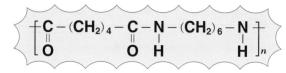

$\left[\underset{\underset{O}{\|\|}}{C}-(CH_2)_4-\underset{\underset{O}{\|\|}}{C}-\underset{\underset{H}{\|}}{N}-(CH_2)_6-\underset{\underset{H}{\|}}{N}\right]_n$

これは, **ナイロン66**と呼ばれています。

2種類の単量体(モノマー)には C 原子が6個ずつ
あります。これがこの名の由来なり‼

このような, アミド結合 $\left(\begin{smallmatrix}-\underset{\underset{O}{\|\|}}{C}-\underset{\underset{H}{\|}}{N}-\end{smallmatrix}\right)$ でいっぱい連結した化合物を**ポリア
ミド**と総称します。

142

> 身近な話題だ!!

Theme 21 アミノ酸とタンパク質

付加重合と縮合重合

> Theme 20 でも出てきましたが，重要なのでもう一度触れておきます。

例1 エチレン $CH_2 = CH_2$ がいっぱいつながるとポリエチレンになる。

$$CH_2 = CH_2 + CH_2 = CH_2 + CH_2 = CH_2 + CH_2 = CH_2 + \cdots + CH_2 = CH_2$$

二重結合の一方が切れる!!

$$CH_2 - CH_2 + CH_2 - CH_2 + CH_2 - CH_2 + \cdots + CH_2 - CH_2$$

この余った腕で手をつなぐ!!

> 見事につながった!! これがポリエチレンです。p.171で登場しますよ♥

$$-CH_2 - CH_2 - CH_2 - CH_2 - CH_2 - CH_2 - \cdots - CH_2 - CH_2 -$$

これをカッコよく表すと

> いっぱいつながってるということです!!

$$-\!\!\left[CH_2 - CH_2\right]\!\!\!-_n$$

このように，二重結合（あるいは三重結合）の一本が切れ，余った腕でいっぱいの分子がつながることを**付加重合**といいましたね。

> 次々と付加反応で連結する!!

例2 アミノ酸 $H_2N -$ $- COOH$ がいっぱいつながるとタンパク質になる。

> アミノ酸には多種多様なものが存在するので，とりあえず で!! もうすぐ登場しますよ♥

$$H_2N - \text{🐯} - COOH + H_2N - \text{🐯} - COOH + \cdots\cdots + H_2N - \text{🐯} - COOH$$

OHとHつまり水がとれる!!

H_2O

$$H_2N - \text{🪣} - CO - + - NH - \text{🪣} - CO - + \cdots\cdots + - NH - \text{🪣} - COOH$$

この余った腕で手をつなぐ…

> 見事につながった‼
> これがタンパク質です‼

$$H_2N - \text{🪣} - CO - NH - \text{🪣} - CO - NH - \text{🪣} - CO - \cdots\cdots - NH - \text{🪣} - COOH$$

このように，水 H_2O などが取れることによっていっぱいの分子がつな

がることを**縮合重合（縮重合）**といいましたね。

注 今回はアミノ酸に複数の種類が存在するので…

$-[NH - \text{🪣} - CO]_n-$ のように，1つの化学式で表せません 🌿

単量体と重合体

> これも **20** で出てきましたが，
> もう一度触れておきます。

前ページで紹介したとおり，エチレンをいっぱいつなげるとポリエチレ
ンになります‼

エチレンのように，いっぱいつながる前の材料となる単品の状態を…

単量体（モノマー） といい，

ポリエチレンのように，いっぱいつながってしまった状態を…

重合体（ポリマー） といいます‼

高分子化合物

重合体となり，分子量が膨大（10000 以上）となってしまった，えらく
大きい分子を，人呼んで**高分子化合物**といいます。略して**高分子**という
ことも多いですよ。

ではでは本題です!!

アミノ酸について…

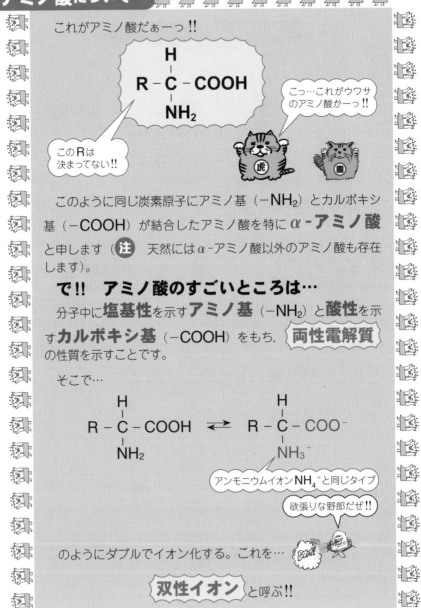

このように同じ炭素原子にアミノ基（$-NH_2$）とカルボキシ基（$-COOH$）が結合したアミノ酸を特に **α‐アミノ酸** と申します（**注** 天然には α‐アミノ酸以外のアミノ酸も存在します）。

で!! アミノ酸のすごいところは…

分子中に **塩基性** を示す **アミノ基**（$-NH_2$）と **酸性** を示す **カルボキシ基**（$-COOH$）をもち，両性電解質 の性質を示すことです。

そこで…

のようにダブルでイオン化する。これを…

双性イオン と呼ぶ!!

電離平衡がもたらす物理

アミノ酸の結晶に純水を加えると水溶液になる!!　すると…

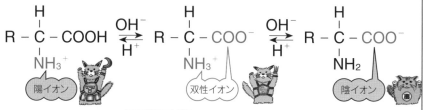

　溶けたアミノ酸には**電離平衡**があるので，水溶液のpHにより上記のようにイオンの割合が変化します。酸（H^+）を加えると双性イオンの$-COO^-$がH^+を受け取り$-COOH$となり，塩基（OH^+）を加えると，双性イオンの$-NH_3^+$がH^+を放出して（H^+がOH^-と合体してH_2Oになる!!）$-NH_2$となる。

等電点

 アミノ酸によって変わるらしいよ

　アミノ酸の水溶液では，陽イオン，双性イオン，陰イオンが混在します。このとき特定のpHになると，電荷の総和が0（陽イオンの数＝陰イオンの数）となります。このpHをそのアミノ酸の**等電点**と呼びます。等電点は，アミノ酸の種類によって異なります。

 まぁ，等電点っていう名前だけでも押さえておいてね。

ニンヒドリン反応　← 名前と色は覚えるべし!!

アミノ酸水溶液にニンヒドリン水溶液を加えて温めると

赤紫～青紫色を呈する!!　これをニンヒドリン反応と

いいます。　沈殿ではありません!!

おもなアミノ酸（α-アミノ酸）を紹介しましょう!!　グリシンとアラニン以外は構造式まで書けるようにする必要はないよ。

名　前	特　徴	構造式
グリシン	最も単純なスタイル	$H-\underset{NH_2}{\overset{H}{C}}-COOH$
アラニン	2番目に単純なスタイル	$CH_3-\underset{NH_2}{\overset{H}{C}}-COOH$
グルタミン酸	カルボキシ基（$-COOH$）を2つもつので，その名のとおり**酸性アミノ酸**です。	$HOOC-(CH_2)_2-\underset{NH_2}{\overset{H}{C}}-COOH$
リ　シ　ン	アミノ基（$-NH_2$）を2つもつので，**塩基性アミノ酸**です。	$H_2N-(CH_2)_4-\underset{NH_2}{\overset{H}{C}}-COOH$
メチオニン	硫黄Sを含む!!	$CH_3-\underset{\sim}{S}-(CH_2)_2-\underset{NH_2}{\overset{H}{C}}-COOH$
システイン	硫黄Sを含む!!	$HS-CH_2-\underset{NH_2}{\overset{H}{C}}-COOH$

| **チロシン** | ベンゼン環 ⬡ を含む!! | HO —⬡— CH$_2$—C—COOH (H, NH$_2$) |

グリシン以外のアミノ酸には鏡像異性体が存在する!!

Theme **13** でも触れましたが，$R_2-\overset{R_1}{\underset{R_3}{C}}-R_4$ のように，4つの腕に，すべて異なる

原子，または基が結合した炭素原子を**不斉炭素原子**と呼びましたね。

すると…

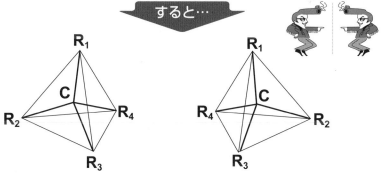

異なる基が結合しているため，4本の腕の長さはすべて異なる!!

よって，上記のような右手と左手の関係のような2種類の異性体が存在する。これを**鏡像異性体**と呼びましたね。右手と左手になぞらえて，これらを**対掌体**といったりもします。しかし，化学的な性質に違いはありません。

で!!

グリシンは，同じHが2つ結合しているので光学異性体はない!!

H—C—COOH (H, NH$_2$)

例えばアラニンの場合…

CH$_3$—C—COOH (H, NH$_2$)
4つの腕に異なる基が!!

その他のアミノ酸は必ず**不斉炭素原子**をもつので，**鏡像異性体**が存在する!!

ペプチド結合のお話

> アミノ酸が出てきたら，このお話は外せないぜっ!!

> 運命だ…

次のように，2つのアミノ酸が出会ったとしましょう!!

$$H_2N-\overset{\overset{H}{|}}{\underset{\underset{R_1}{|}}{C}}-\boxed{COOH \qquad H_2N}-\overset{\overset{H}{|}}{\underset{\underset{R_2}{|}}{C}}-COOH$$

運命的な出会いが…

詳しく表現すると…

$$H_2N-\overset{\overset{H}{|}}{\underset{\underset{R_1}{|}}{C}}-\overset{}{\underset{\underset{O}{\|}}{C}}-\boxed{O-H \qquad H}-\overset{}{\underset{\underset{H}{|}}{N}}-\overset{\overset{H}{|}}{\underset{\underset{R_2}{|}}{C}}-COOH$$

この水が取れて…

> $-O-H$と$H-$でH_2Oです!!

合体!!

> 見事な結合だ!!

$$H_2N-\overset{\overset{H}{|}}{\underset{\underset{R_1}{|}}{C}}-\overset{}{\underset{\underset{O}{\|}}{C}}-\overset{}{\underset{\underset{H}{|}}{N}}-\overset{\overset{H}{|}}{\underset{\underset{R_2}{|}}{C}}-COOH$$

ペプチド結合

　このように，**カルボキシ基**（$-COOH$）と**アミノ基**（$-NH_2$）から水分子1個が取れてできる結合（$-CO-NH-$）を**ペプチド結合**と呼びま～す!!

> 詳しくは…
> $$-\overset{}{\underset{\underset{O}{\|}}{C}}-\overset{}{\underset{\underset{H}{|}}{N}}-$$

> 次ページ参照!!

注 $-\overset{}{\underset{\underset{O}{\|}}{C}}-\overset{}{\underset{\underset{H}{|}}{N}}-$は通常**アミド結合**と呼ばれるが，ポリペプチド中の

アミド結合は，特に**ペプチド結合**と呼ばれる。

で!! 覚えてほしい用語が2つ!!

ジペプチド

ペプチド結合によって，2つのアミノ酸が結合したものを**ジペプチド**と呼ぶ。👉 加水分解すると，2つのアミノ酸になる。

$$H_2N-\underset{R_1}{\overset{H}{C}}-\underset{O}{\overset{}{C}}-\underset{H}{\overset{}{N}}-\underset{R_2}{\overset{H}{C}}-COOH$$

ペプチド結合

> ジペプチドのイメージです‼

ポリペプチド

p.143参照‼

ペプチド結合によって多数のアミノ酸が**縮合重合**したものを**ポリペプチド**と呼ぶ。👉 加水分解すると，バラバラのアミノ酸になる。

> ポリペプチドのイメージです‼

$$H_2N-\underset{R_1}{\overset{H}{C}}-\underset{O}{\overset{}{C}}-\underset{H}{\overset{}{N}}-\underset{R_2}{\overset{H}{C}}-\underset{O}{\overset{}{C}}-\underset{H}{\overset{}{N}}-\underset{R_3}{\overset{H}{C}}-\underset{O}{\overset{}{C}}-\underset{H}{\overset{}{N}}-\underset{R_4}{\overset{H}{C}}-\underset{O}{\overset{}{C}}-\cdots\cdots-\underset{H}{\overset{}{N}}-\underset{R_n}{\overset{H}{C}}-COOH$$

ペプチド結合　ペプチド結合　ペプチド結合

タンパク質

タンパク質の分類

タンパク質は多種類の**アミノ酸**が**ペプチド結合**により結合した**ポリペプチド**の構造をもつことが基本です。しかしながら，ドサクサに紛（まぎ）れてアミノ酸以外の物質が結合している場合もあります。

そこで，**成分**により次のように分類します。

単純タンパク質 👉 加水分解によってアミノ酸だけ生じる（アミノ酸だけで構築されている）。

複合タンパク質 👉 加水分解によってアミノ酸以外のものも生じる（アミノ酸だけでは構築されない）。

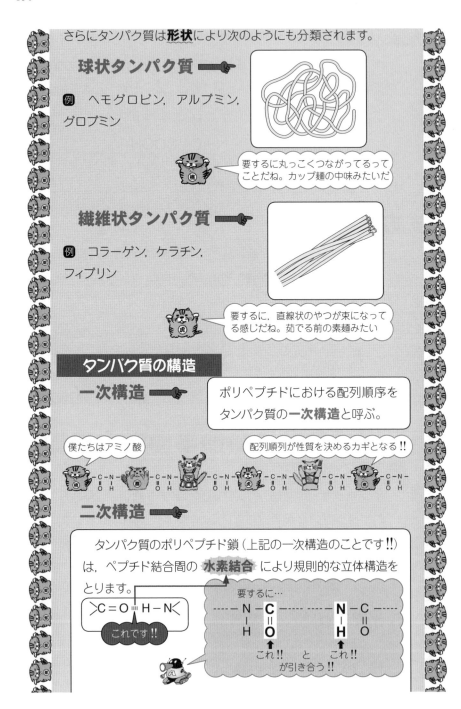

150

さらにタンパク質は**形状**により次のようにも分類されます。

球状タンパク質 ➡

例　ヘモグロビン，アルブミン，グロブミン

> 要するに丸っこくつながってるってことだね。カップ麺の中味みたいだ

繊維状タンパク質 ➡

例　コラーゲン，ケラチン，フィブリン

> 要するに，直線状のやつが束になってる感じだね。茹でる前の素麺みたい

タンパク質の構造

一次構造 ➡

ポリペプチドにおける配列順序をタンパク質の**一次構造**と呼ぶ。

僕たちはアミノ酸

配列順列が性質を決めるカギとなる‼

二次構造 ➡

タンパク質のポリペプチド鎖（上記の一次構造のことです‼）は，ペプチド結合間の **水素結合** により規則的な立体構造をとります。

$$>C=O \cdots H-N<$$

これです‼

要するに…

これ‼　と　これ‼　が引き合う‼

この立体構造を**二次構造**と呼び，代表的なものに下図のような**α−ヘリックス**（らせん構造）や**β−シート**（ひだ状の平面構造）がある。

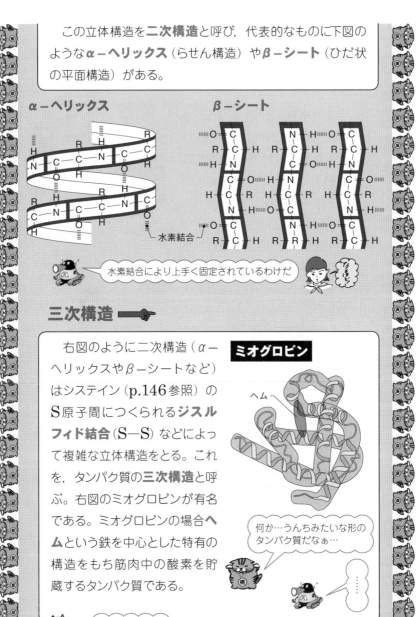

α−ヘリックス

β−シート

水素結合

水素結合により上手く固定されているわけだ

三次構造

右図のように二次構造（α−ヘリックスやβ−シートなど）はシステイン（p.146参照）のS原子間につくられる**ジスルフィド結合**（S—S）などによって複雑な立体構造をとる。これを，タンパク質の**三次構造**と呼ぶ。右図のミオグロビンが有名である。ミオグロビンの場合**ヘム**という鉄を中心とした特有の構造をもち筋肉中の酸素を貯蔵するタンパク質である。

ミオグロビン

ヘム

何か…うんちみたいな形のタンパク質だなぁ…

…………

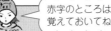

赤字のところは覚えておいてね

四次構造 ➡

要するにさらに複雑になるってことさ!!

三次構造をとったポリペプチド鎖（サブユニットと呼びます）が複数組み合わさった構造を**四次構造**と申します。有名なものに右図の赤血球に含まれるヘモグロビンがあります。

ヘモグロビンは，2種類のサブユニットを2個ずつ含む4個のサブユニットからなる四次構造!!

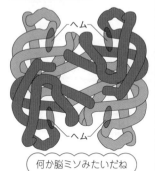

ヘモグロビン

ヘム

ヘム

何か脳ミソみたいだね

……

高次構造 ➡

タンパク質の**二次構造**，**三次構造**，**四次構造**をまとめてタンパク質の**高次構造**と呼びます。

単純な話だなぁ

タンパク質の反応と検出

その ビウレット反応

タンパク質水溶液に **NaOH** 水溶液を加え，続いて希 **$CuSO_4$** 水溶液を加えると**赤紫色**を呈する。**Cu^{2+}** がペプチド結合と錯イオンを作ることが原則。

沈殿じゃないぞ!!

注 2個以上のペプチド結合をもてばこのビウレット反応を起こします。つまり，タンパク質ならば OK!!

キーワード!!

（いっぱいつながってるし…）

その **キサントプロテイン反応**

キーワード!!

タンパク質水溶液に**濃硝酸**(のうしょうさん)を加えて加熱すると**黄色**になり，さらにアンモニア水を加えて塩基性にすると，**橙黄色**になる。

キーワード!! p.147参照

黄色になれば，**ベンゼン環**をもつアミノ酸（チロシンなど）を構造に含む証拠となる。このベンゼン環が**ニトロ化**されて黄色になるのだ!!

その **N を検出するためには…**

NaOH を加えて加熱すると，**NH₃** が発生する!!

この NH₃ を検出するためには… キーワード!!

① 赤色リトマス紙が青色になる。

（NH₃ が塩基性なもんで…）

② ネスラー試薬で黄色になる。

（NH₃ が塩基性なもんで…）

③ 濃HClで塩化アンモニウムの白煙が発生する。

（NH₃ + HCl ⟶ NH₄Cl）白煙です!!

S をもつアミノ酸（メチオニンやシステインなど。p.146 参照 !!）を構造に含む証拠となる。

その **S を検出するためには…** 鉛がキーワード

NaOH 水溶液を加えて加熱し，**酢酸鉛(II)** $(CH_3COO)_2 Pb$，もしくは**硝酸鉛** $Pb(NO_3)_2$ の水溶液を加えると，**黒色沈殿 PbS** が生じる!!

その　**変　性**

> 牛乳を温めると表面に膜が
> できる⁇　あれですよ‼

タンパク質を加熱したり，酸，塩基，アルコール，重金属イオン（Cu^{2+}，Ag^+，Pb^{2+}，Hg^+ など）を加えたりすると，凝固したり沈殿したりして性質が変わる。

ではではピンポイントチェックですよ‼　例の赤いシートを出してちょんまげ‼

チェックコーナー

> チェックすることは大切だぜ‼

質問 ‼	答え ‼	コメント
(1)　アミノ酸にニンヒドリン水溶液を加えて温めるとどうなるか？　またこの反応の名称は？	どうなる？ **赤紫～青紫色を呈する。** 反応の名称は？ **ニンヒドリン反応**	**ニンヒドリン水**溶液の成分は覚えなくてよい‼
(2)　同じ炭素原子にアミノ基とカルボキシ基が結合したアミノ酸を何と呼ぶか？	**α-アミノ酸**	カルボキシ基 $\begin{matrix} & H & \\ & | & \\ R- & C & -COOH \\ & | & \\ & NH_2 & \end{matrix}$　アミノ基
(3)　次のアミノ酸の名称を答えよ。 $\begin{matrix} & H & \\ & | & \\ H- & C & -COOH \\ & | & \\ & NH_2 & \end{matrix}$	**グリシン**	最も簡単な構造のアミノ酸 H_2N-CH_2-COOH と表すこともできる。
(4)　次のアミノ酸の名称を答えよ。 $\begin{matrix} & H & \\ & | & \\ CH_3- & C & -COOH \\ & | & \\ & NH_2 & \end{matrix}$	**アラニン**	2番目に簡単な構造のアミノ酸 $H_2N-CH-COOH$ 　　　　　$|$ 　　　　　CH_3 と表すこともできる。

(5) 酸性アミノ酸といえば？	グルタミン酸	p.145 参照!!
(6) 塩基性アミノ酸といえば？	リ シ ン	p.145 参照!!
(7) 硫黄 S を含むアミノ酸を2つ答えよ。	メチオニン シ ス テ イ ン	p.145 参照!!
(8) ベンゼン環を含むアミノ酸といえば？	チ ロ シ ン	**キサントプロテイン反応**の原因となる。
(9) アミノ酸どうしによる，下の結合の名称は？ ----- C-N ----- ‖ | O H	ペプチド結合	簡単に表すと… ----- CONH ----- となる。 注 通常は**アミド結合**と呼ばれる。ポリペプチド内の**アミド結合**を特に**ペプチド結合**という。
(10) タンパク質水溶液に NaOH 水溶液を加え，さらに希 CuSO₄ 水溶液を加えるとどうなるか？ また，この反応の名称は？	どうなる？ **赤紫色を呈する。** 反応の名称は？ **ビウレット反応**	銅 Cu がキーワード。 キーワードを押さえよう!!

(11) タンパク質に濃硝酸 HNO₃ を加えて加熱するとどうなるか？ さらに，アンモニア水を加えるとどうなるか？ この反応の名称は？ この反応の原因は？	濃硝酸を加えるとどうなる？ **黄色になる。** アンモニア水を加えるとどうなる？ **橙黄色になる。** 反応の名称は？ **キサントプロテイン反応** 反応の原因は？ **ベンゼン環がニトロ化されるため。**	チロシンなどの**ベンゼン環**をもつアミノ酸がタンパク質に含まれることによる。 これはよく出題されるよ‼
(12) タンパク質を加熱すると凝固する。このような現象を何というか？	**変　性**	あと，酸，塩基，アルコール，重金属イオンなどでも凝固したり沈殿したりする。これらをまとめて**変性**という。

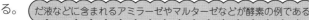

酵　素

生体内ではたらく触媒を**酵素**と呼び，主成分は，**タンパク質**である。

 だ液などに含まれるアミラーゼやマルターゼなどが酵素の例である

 何か生物の話だね

で‼ 酵素が上手くはたらくには条件が必要で，最もはたらくときの温度を最適温度，最もはたらくときのpHを最適pHと呼びます。

酵素の性質

酵素が作用する物質を**基質**と呼び，酵素が作用できる基質は決まっている。この性質を**基質特異性**といいます。酵素には活性部位または活性中心と呼ばれる基質が結合して作用する特定の部位がある。この部位に特定の基質が結合して，**酵素一基**

質複合体をつくり，その後，基質が生成物に変化して酵素がもとにもどり，酵素はくり返し作用し続ける。

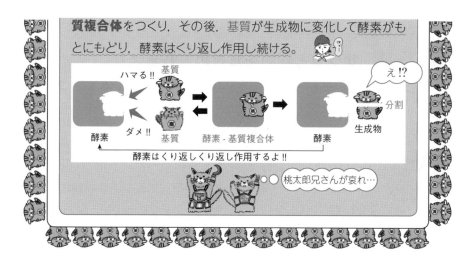

桃太郎兄さんが哀れ…

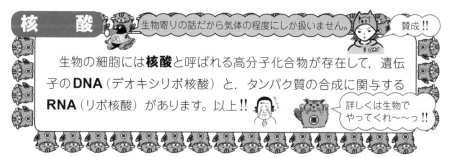

核　　酸

生物寄りの話だから気体の程度にしか扱いません。　賛成‼

　生物の細胞には**核酸**と呼ばれる高分子化合物が存在して，遺伝子の**DNA**（デオキシリボ核酸）と，タンパク質の合成に関与する**RNA**（リボ核酸）があります。以上‼

詳しくは生物で
やってくれ～～っ‼

Theme 22 サラッと糖類をまとめてしまえ!!

糖類の分類は入試でも出題が少なくそれほど重要視されていません。だから捨ててしまう受験生もいます。でも，押さえるべきところだけはしっかり押さえておこうね♥ 最低限のことは知っておかなきゃ!!

糖　類

一般に $C_m H_{2n} O_n$ の分子式で表され，**単糖類**，**二糖類**，**多糖類**に分類される。$C_m H_{2n} O_n = C_m (H_2O)_n$ と表すことができるので，**炭水化物**ともいう。　炭　水

これ以上加水分解されない!!

Stage 1 単糖類について…

このあたりは暗記分野だから例のシートを活用して覚えよう!!

質問!!	答え!!	コメント
(1) 単糖類には，代表的なものが3つある。その3つをすべて答えよ。	**グルコース（ブドウ糖）** **フルクトース（果糖）** **ガラクトース**	なぜか，ガラクトースには別名が… まあ，それはそれとして…
(2) (1)の3つの単糖類の分子式を示せ。	$C_6H_{12}O_6$	これは覚えておこう!!
(3) グルコース（ブドウ糖）は水溶液中で，右のようなα型・鎖状構造・β型の3種類の平衡状態を保つ。 鎖状構造のグルコースの構造式を参考に，α-グルコースとβ-グルコースの構造式を完成させよ。	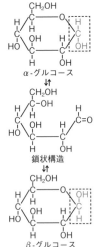	鎖状構造は次のようにも表せる。まっすぐに伸ばして書いてみましょう。

(4)　グルコースが還元性を もつ理由を答えよ。	**鎖状構造**のときに**ホ ルミル基**をもつから	鎖状構造
(5)　還元性をもつことによ り得られる代表的な反応 を2つ答えよ。	**フェーリング液の 還元反応 銀鏡反応**	フェーリング液を還元し **酸化銅（Ⅰ）Cu₂Oの赤 色沈殿** が生じる。 アンモニア性硝酸銀水溶 液を還元して銀 Ag が析 出する。
(6)　グルコース以外の単糖 類もすべて還元性をもつ といえるか？	**いえる!!**	**単糖類はすべて還元性 をもつ!!** フルクトースの場合はホ ルミル基をもたないが, 還元性を示す部分が存在 する。 鎖状構造のフルクトース
(7)　単糖類は, ある酵素 群によってエタノール C_2H_5OH と二酸化炭素 CO_2 を生じる。 　この酵素群の名称と反 応名を答えよ。	酵素群の名称は… **チマーゼ** 反応名は… **アルコール発酵**	こんな反応です。 酵素群**チマーゼ**により… 単糖類 $C_6H_{12}O_6 \longrightarrow$ $2C_2H_5OH + 2CO_2 \uparrow$ エタノール

> 加水分解により2分子の単糖類を生じる。

Stage 2 　二糖類について…

質問!!	答え!!	コメント
(1) 二糖類の分子式を答えよ。	$C_{12}H_{22}O_{11}$	$C_{12}H_{22}O_{11} + H_2O$（水） $= C_{12}H_{24}O_{12}$ $= 2C_6H_{12}O_6$ 加水分解すると，単糖類が2分子生じることが理解できる。
(2) 二糖類の中で，還元性を示さない糖を答えよ。	**スクロース** **（ショ糖）**	還元性を示すはずの部分で結合してしまっているから。スクロース以外の二糖類は還元性を示すよ!!
(3) **マルトース**（麦芽糖）は，ある酵素によって加水分解されて2分子の単糖類となる。 　この酵素名と単糖類の名称を答えよ。	酵素名は… **マルターゼ** 単糖類は… **2分子のグルコース** **（ブドウ糖）**	酵素**マルターゼ**により… マルトース ⟶ （麦芽糖） **グルコース + グルコース** **（ブドウ糖）　（ブドウ糖）** マルトースでマルターゼとは覚えやすいなぁ…
(4) **スクロース**（ショ糖）は，ある酵素によって加水分解されて，2分子の単糖類となる。 　この酵素名と2つの単糖類の名称を答えよ。	酵素名は… **インベルターゼ** **（スクラーゼ）** 単糖類は… **グルコース** **（ブドウ糖）** **と** **フルクトース** **（果糖）**	酵素**インベルターゼ**により… スクロース ⟶ （ショ糖） **グルコース + フルクトース** **（ブドウ糖）　（果糖）** この反応のことを**転化**といいます。
（おまけ）(4)で生じた単糖類の等量混合物を何と呼ぶか？	**転化糖**	グルコースとフルクトースの等量混合物を**転化糖**というよ。理由は上でみっちゃんが言ってるよ♥

(5)　**ラクトース**（乳糖）は ある酵素によって加水分 解されて，2分子の単糖 類となる。
　　 この酵素名と2つの単 糖類の名称を答えよ。

酵素名は…
ラクターゼ
単糖類は…
グルコース （ブドウ糖） と ガラクトース

酵素**ラクターゼ**により…
ラクトース（乳糖）$\xrightarrow{\text{ラクターゼ}}$
グルコース（ブドウ糖）＋ ガラクトース

ラクトースでラクターゼと は，こりゃまた覚えやすい!!

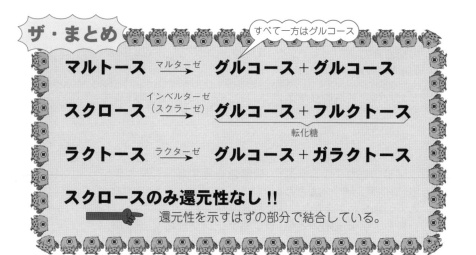

ザ・まとめ

すべて一方はグルコース

マルトース $\xrightarrow[\text{マルターゼ}]{}$ **グルコース＋グルコース**

スクロース $\xrightarrow[\text{（スクラーゼ）}]{\text{インベルターゼ}}$ **グルコース＋フルクトース**

転化糖

ラクトース $\xrightarrow[\text{ラクターゼ}]{}$ **グルコース＋ガラクトース**

スクロースのみ還元性なし!!

👉　還元性を示すはずの部分で結合している。

似たような名前の 物質ばかりで 紛らわしいな〜！

162

単糖類，二糖類と違って**甘味がない!!**

Stage 3 多糖類について… 有名なのは**デンプン**と**セルロース**のみ

質問!!	答え!!	コメント
(1) 多糖類の分子式を示せ。	$(C_6H_{10}O_5)_n$	$C_6H_{10}O_5$ が，いっぱいつながっている（重合している）。
(2) 米，麦，豆などの穀類に含まれている多糖類は？	**デンプン**	小学校で習ったよね!? 食べやすいイメージ!!
(3) 植物の細胞壁の主成分となっている多糖類は？	**セルロース**	食べにくいイメージ!!
(4) デンプンはある単糖類の縮合重合体である。この単糖類の名称は？	α **- グルコース**	この α がポイント!!
(5) セルロースはある単糖類の縮合重合体である。この単糖類の名称は？	β **- グルコース**	この β がポイント!!
(6) デンプンの水溶液はヨウ素ヨウ化カリウム水溶液（ヨウ素溶液）を加えると，何色を呈するか？ また，この反応の名称は？	色は… **青紫色を呈する** 反応名は… **ヨウ素デンプン反応**	青紫色を**呈する**けど，**沈殿**するわけではない!! これも小学校で習ったなぁ…
(7) デンプンに，ある酵素を加えると，デンプンより重合度の小さい多糖類に加水分解される。 この酵素の名称と，この多糖類の名称を答えよ。	酵素の名称は… **アミラーゼ** デンプンより重合度の小さい多糖類は… **デキストリン**	デンプン アミラーゼを加える デキストリン デキストリン デキストリン
(8) (7)で生じた多糖類に，ある酵素を加えると，さらに加水分解されて，二糖類となる。 この酵素の名称と，この二糖類の名称を答えよ。	酵素の名称は… **アミラーゼ** 二糖類の名称は… **マルトース** （麦芽糖）	デキストリン デキストリン デキストリン さらにアミラーゼを加える マルトース マルトース マルトース …… マルトース

(9) (8)で生じた二糖類にある酵素を加えると，さらに加水分解されて，ある単糖類となる。この酵素の名称と，この単糖類の名称を答えよ。	酵素の名称は…**マルターゼ** 単糖類の名称は…**グルコース（ブドウ糖）**	これは二糖類のところでやりましたね。酵素**マルターゼ**により… マルトース ⟶ 　（麦芽糖） グルコース＋グルコース （ブドウ糖）　（ブドウ糖）
(10) デンプン分子には2種類ある。1つは直鎖状のもので，もう1つは網目状のものである。それぞれの名称を答えよ。	直鎖状のほうは…**アミロース** 網目状のほうは…**アミロペクチン**	ふつうのデンプン中の2割強が**アミロース**，8割弱が**アミロペクチン**です。 　**アミロペクチン**は，網目状であるとか，枝分かれをもつとか表現されます。

注　セルロースは，デンプンに比べて加水分解されにくいです。つまり，ヒトの栄養分にはなりません。そのかわり，繊維などに利用されます。

実際はもっとカワイイぞぉー!!
YouTube またはインスタを見てくれ!!

┌ プロフィール ─
　熊五郎（インスタで大人気!!）
　オムちゃんの5匹目の飼い猫（ペルシャ猫）です。なかなか一筋縄にいかない厄介な猫です。虎次郎を追いまわし，玉三郎のお尻を噛み，金四郎の顔にも飛びかかります。桃太郎のことは尊敬している様子です。

Theme 23 天然繊維(せんい)と化学繊維

このあたりも暗記分野です。例の赤いシートの出番でっせ♥

質問 !!	答え !!	コメント
(1) 天然繊維には, 綿(めん)や麻(あさ)などの植物繊維と, 羊毛や絹などの動物繊維がある。さて, 植物繊維の主成分は？	セルロース	Theme 22 の糖類のところでちょこっと登場しましたよ（p.162参照!!）。
(2) 動物繊維の主成分は？	タンパク質	Theme 22 でおなじみですね。
(3) 化学繊維の中で, 天然繊維を溶媒に溶かしたのち繊維状にしたものを何というか？	再生(さいせい)繊維	レーヨンなんていったりします。
(4) (3)の繊維の代表例を2つ答えよ。	ビスコースレーヨン 銅アンモニアレーヨン	とりあえず名前だけ押さえといて!!
(5) 化学繊維の中で, 天然繊維（主にセルロース）に化学的に手を加えてつくったものを何というか？	半合成繊維	天然繊維を化学的に改造!!
(6) (5)の繊維の代表例を1つ答えよ。	アセテート繊維	聞いたことあるなぁ…
(7) 化学繊維の中で石油などから合成される繊維を何というか？	合成繊維	天然繊維（セルロースなど）をまったく使っていない。化学的に合成しまくりだぁーっ!!

ここで，(7)の繊維について代表的なものを押さえておこう‼

ナイロン66

アジピン酸 (HOOC−(CH₂)₄−COOH) とヘキサメチレンジアミン

(H₂N−(CH₂)₆−NH₂) の**縮合重合**によって得られる。

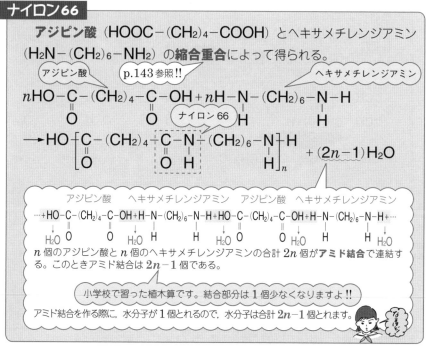

注　今回の −C−N− は，ポリペプチド内でのお話ではないので**ペプチド結合**
　　　　　　　O　H
とは呼びません。あくまでも**アミド結合**でお願いします。

p.150参照‼

ずっと勘違いしてました〜

ナイロン6

キーワード

カプロラクタム $\left(\begin{array}{c} \text{CH}_2-\text{CH}_2-\text{C}=\text{O} \\ \text{H}_2\text{C} \\ \text{CH}_2-\text{CH}_2-\text{N}-\text{H} \end{array} \right)$ の**開環重合**によって

得られる。

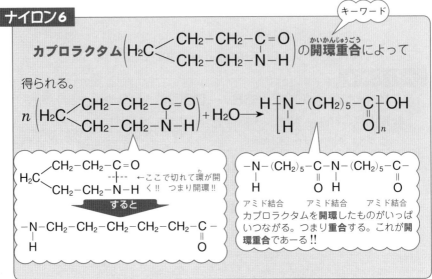

$n \left(\begin{array}{c} \text{CH}_2-\text{CH}_2-\text{C}=\text{O} \\ \text{H}_2\text{C} \\ \text{CH}_2-\text{CH}_2-\text{N}-\text{H} \end{array} \right) + \text{H}_2\text{O} \longrightarrow \text{H}-\left[\begin{array}{c} \text{N}-(\text{CH}_2)_5-\text{C} \\ \text{H} \quad\quad\quad \text{O} \end{array} \right]_n - \text{OH}$

左下の囲み:

$\begin{array}{c} \text{CH}_2-\text{CH}_2-\text{C}=\text{O} \\ \text{H}_2\text{C} \\ \text{CH}_2-\text{CH}_2-\text{N}-\text{H} \end{array}$ ←ここで切れて環が開く!! つまり開環!!

すると

$\begin{array}{c} -\text{N}-\text{CH}_2-\text{CH}_2-\text{CH}_2-\text{CH}_2-\text{CH}_2-\text{C}- \\ \text{H} \quad\quad\quad\quad\quad\quad\quad\quad\quad\quad \text{O} \end{array}$

右下の囲み:

$\begin{array}{c} -\text{N}-(\text{CH}_2)_5-\text{C}-\text{N}-(\text{CH}_2)_5-\text{C}- \\ \text{H} \quad\quad\quad \text{O} \quad \text{H} \quad\quad\quad \text{O} \end{array}$

アミド結合　　アミド結合　　アミド結合

カプロラクタムを**開環**したものがいっぱいつながる。つまり**重合**する。これが**開環重合**であーる!!

ポリエチレンテレフタラート

ポリエステル系合成繊維の代表です!!

テレフタル酸 $\left(\begin{array}{c} \text{HO}-\text{C}-\text{\textcircled{}}-\text{C}-\text{OH} \\ \text{O} \quad\quad\quad \text{O} \end{array} \right)$ と**エチレングリコール**

$(\text{HO}-(\text{CH}_2)_2-\text{OH})$ の**縮合重合**によって得られる。

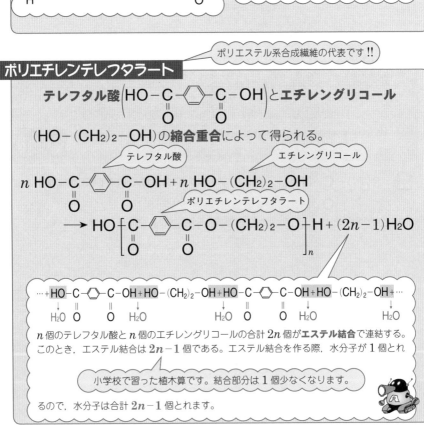

テレフタル酸　　　　　　　　　　エチレングリコール

$n\ \text{HO}-\text{C}-\text{\textcircled{}}-\text{C}-\text{OH} + n\ \text{HO}-(\text{CH}_2)_2-\text{OH}$

ポリエチレンテレフタラート

$\longrightarrow \text{HO}\left[\begin{array}{c} \text{C}-\text{\textcircled{}}-\text{C}-\text{O}-(\text{CH}_2)_2-\text{O} \\ \text{O} \quad\quad\quad\quad \text{O} \end{array} \right]_n \text{H} + (2n-1)\text{H}_2\text{O}$

$\cdots + \text{HO}-\text{C}-\text{\textcircled{}}-\text{C}-\text{OH} + \text{HO}-(\text{CH}_2)_2-\text{OH} + \text{HO}-\text{C}-\text{\textcircled{}}-\text{C}-\text{OH} + \text{HO}-(\text{CH}_2)_2-\text{OH} + \cdots$

H_2O　　H_2O　　　　H_2O　　H_2O　　H_2O

n 個のテレフタル酸と n 個のエチレングリコールの合計 $2n$ 個が**エステル結合**で連結する。このとき、エステル結合は $2n-1$ 個である。エステル結合を作る際、水分子が 1 個とれ

小学校で習った植木算です。結合部分は 1 個少なくなります。

るので、水分子は合計 $2n-1$ 個とれます。

ビニロン ← ポリビニルアルコール系合成繊維のことです。

ビニロンについては，流れだけを押さえてください。

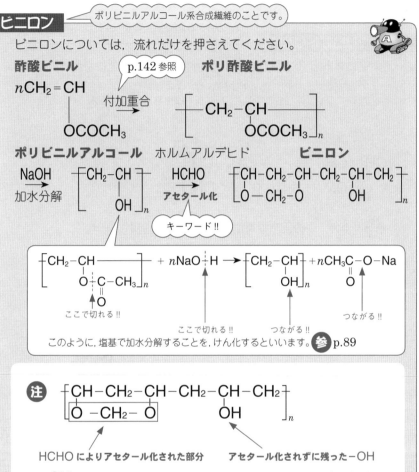

酢酸ビニル　p.142 参照　**ポリ酢酸ビニル**

$$n\mathrm{CH_2{=}CH} \quad \xrightarrow[\text{付加重合}]{} \quad \left[\begin{array}{c}\mathrm{CH_2{-}CH}\\ \mid \\ \mathrm{OCOCH_3}\end{array}\right]_n$$
$$\mid$$
$$\mathrm{OCOCH_3}$$

ポリビニルアルコール　ホルムアルデヒド　**ビニロン**

$$\xrightarrow[\text{加水分解}]{\mathrm{NaOH}} \left[\begin{array}{c}\mathrm{CH_2{-}CH}\\ \mid \\ \mathrm{OH}\end{array}\right]_n \xrightarrow[\text{アセタール化}]{\mathrm{HCHO}} \left[\begin{array}{c}\mathrm{CH{-}CH_2{-}CH{-}CH_2{-}CH{-}CH_2}\\ \mid\qquad\quad\mid \\ \mathrm{O{-}CH_2{-}O}\qquad\quad\mathrm{OH}\end{array}\right]_n$$

キーワード!!

$$\left[\begin{array}{c}\mathrm{CH_2{-}CH}\\ \mid \\ \mathrm{O{\vdots}C{-}CH_3}\\ \mid\\ \mathrm{O}\end{array}\right]_n + n\mathrm{NaO{\vdots}H} \longrightarrow \left[\begin{array}{c}\mathrm{CH_2{-}CH}\\ \mid \\ \mathrm{OH}\end{array}\right]_n + n\mathrm{CH_3C{-}O{-}Na}$$
$$\qquad\qquad\qquad\qquad\qquad\qquad\qquad\qquad\qquad\qquad \mathrm{O}$$

ここで切れる!!　　　ここで切れる!!　つながる!!　つながる!!

このように，塩基で加水分解することを，けん化するといいます。 ❀ p.89

注 $$\left[\begin{array}{c}\mathrm{CH{-}CH_2{-}CH{-}CH_2{-}CH{-}CH_2}\\ \boxed{\mathrm{O\ {-}CH_2{-}\ O}}\qquad\qquad\mathrm{OH}\end{array}\right]_n$$

HCHO によりアセタール化された部分　　アセタール化されずに残った−OH

　−OH は親水基なので，吸湿性に優れている。しかし，度がすぎると，水に溶けやすいために，実用性に乏しい。そこで，$30\%{\sim}40\%$をホルムアルデヒド（**HCHO**）で**アセタール化**することにより，余分な−OH をつぶす!!

アクリル系合成繊維の代表作です!!

ポリアクリロニトリル

アクリロニトリル$\left(\begin{array}{c}CH_2=CH \\ \quad CN\end{array}\right)$が**付加重合**することによって得られる。

p.142参照!!

アクリロニトリル　　　　　　　　　　ポリアクリロニトリル

$$n CH_2 = CH \xrightarrow{\text{付加重合}} \left[CH_2 - CH \right]_n$$
$$\qquad CN \qquad\qquad\qquad\qquad CN$$

注 今後，次のような付加重合がいっぱい登場します。

$$n CH_2 = CH \xrightarrow{\text{付加重合}} \left[CH_2 - CH \right]_n$$
$$\qquad X \qquad\qquad\qquad\qquad X$$

この $CH_2 = CH$ を**ビニル基**と申します。

さてさて，合成繊維にはいろいろありましたねぇ!!
ではでは，ピンポイントチェックをしましょう!!

やはり
そうきたか…

質問!!	答え!!	コメント
(1) ナイロン66（6,6-ナイロン）はある2種類の単量体（モノマー）の縮合重合によって得られる。この2種類の単量体（モノマー）の名称と示性式を答えよ。	**アジピン酸** $HOOC-(CH_2)_4-COOH$ **ヘキサメチレンジアミン** $H_2N-(CH_2)_6-NH_2$	合成繊維の代表格!! 詳しくは p.165 参照!!
(2) ナイロン6（6-ナイロン）はある単量体（モノマー）により構成されている。この単量体の名称と示性式を答えよ。	**カプロラクタム** 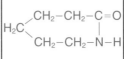	この環状構造がチャームポイントだよ♥

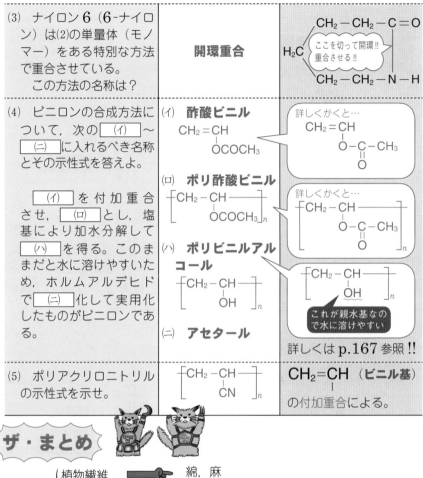

ザ・まとめ

天然繊維
植物繊維（主成分はセルロース）━━▷ 綿，麻
動物繊維（主成分はタンパク質）━━▷ 羊毛，絹

化学繊維
再生繊維 ━━▷ レーヨン（ビスコースレーヨン，銅アンモニアレーヨン）
半合成繊維 ━━▷ アセテート繊維
合成繊維 ━━▷ ナイロン（ナイロン66，ナイロン6など），ポリエステル（ポリエチレンテレフタラートなど），ビニロン，アクリル繊維（ポリアクリロニトリルなど）

プラスチックのことです。

Theme 24 合成樹脂のお話

さぁーっ!! バンバン覚えようね!!

質問!!	答え!!	コメント
(1) 加熱するとやわらかくなり，冷やすと硬くなる樹脂を何と呼ぶか？	熱可塑性樹脂 （ねっか そせいじゅし）	プラスチックを火であぶると融けちゃうでしょ?? また，ほうっておくと固まるよね。
(2) 冷却すると硬くなり，再び加熱しても，軟化しない樹脂を何と呼ぶか？	熱硬化性樹脂 （ねっこうか）	**立体網目**状構造をもつ樹脂は，このような特別な性質をもつ。あとでいろいろ登場するよ♥
(3) 付加重合でつくられる樹脂 $n\text{CH}_2=\underset{\text{X}}{\text{CH}} \longrightarrow \left[\text{CH}_2-\underset{\text{X}}{\text{CH}}\right]_n$ はすべて熱可塑性樹脂といえるか？	いえる!!	$-\text{CH}_2-\underset{\text{X}}{\text{CH}}-\text{CH}_2-\underset{\text{X}}{\text{CH}}-\text{CH}_2-\underset{\text{X}}{\text{CH}}-$ という感じに，**線（直鎖）**状構造をもつものは，すべて**熱可塑**性。 **注** **縮合重合**で構築された**ナイロン66**や**ポリエチレンテレフタラート**なども繊維ですが**熱可塑**性（線（直鎖）状構造ですからねぇ…） なるほど…
(4) 次の単量体（モノマー）でつくられる重合体（ポリマー）の名称と，示性式を答えよ。		(4)のやつはすべて**線（直鎖）**状構造!! つまり**熱可塑**性だぜ!!

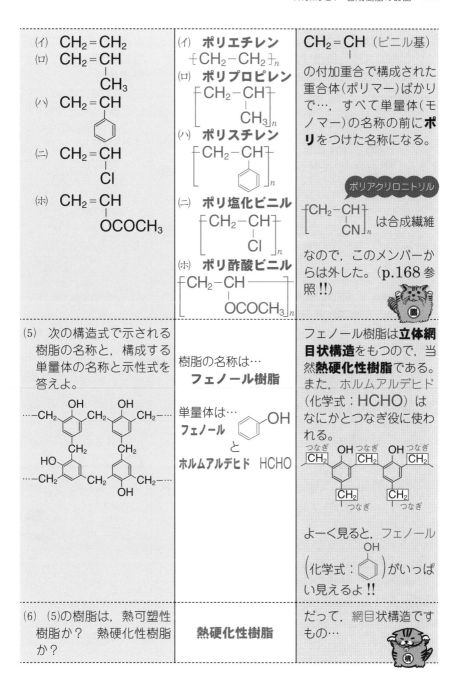

(イ)　$CH_2 = CH_2$

(ロ)　$CH_2 = CH$
　　　　　　|
　　　　　　CH_3

(ハ)　$CH_2 = CH$
　　　　　　|
　　　　　（ベンゼン環）

(ニ)　$CH_2 = CH$
　　　　　　|
　　　　　　Cl

(ホ)　$CH_2 = CH$
　　　　　　|
　　　　　　$OCOCH_3$

(イ)　**ポリエチレン**
　$-\!\!\left[CH_2-CH_2\right]_n$

(ロ)　**ポリプロピレン**
　$\left[CH_2-CH\right]_n$
　　　　　　　|
　　　　　　　CH_3

(ハ)　**ポリスチレン**
　$\left[CH_2-CH\right]_n$
　　　　　　|
　　　（ベンゼン環）

(ニ)　**ポリ塩化ビニル**
　$\left[CH_2-CH\right]_n$
　　　　　　|
　　　　　　Cl

(ホ)　**ポリ酢酸ビニル**
　$-\!\!\left[CH_2-CH\right]_n$
　　　　　　|
　　　　　　$OCOCH_3$

$CH_2 = CH$ （ビニル基）
　　　　|

の付加重合で構成された重合体(ポリマー)ばかりで…，すべて単量体(モノマー)の名称の前に**ポリ**をつけた名称になる。

ポリアクリロニトリル

$\left[CH_2-CH\right]_n$ は合成繊維
　　　　|
　　　CN

なので，このメンバーからは外した。(**p.168**参照!!)

(5)　次の構造式で示される樹脂の名称と，構成する単量体の名称と示性式を答えよ。

…$-CH_2$（ベンゼン環・OH）CH_2（ベンゼン環・OH）CH_2-…
　　　　　　CH_2　　　　CH_2
　HO（ベンゼン環）　　（ベンゼン環）
…$-CH_2$　　CH_2　　CH_2-…
　　　　　　　（OH）

樹脂の名称は…
　　　フェノール樹脂

単量体は…
フェノール（ベンゼン環・OH）
　　　　と
ホルムアルデヒド　HCHO

フェノール樹脂は**立体網目状構造**をもつので，当然**熱硬化性樹脂**である。また，ホルムアルデヒド(化学式：HCHO)はなにかとつなぎ役に使われる。

つなぎ（OH）つなぎ（OH）つなぎ
CH_2（ベンゼン環）CH_2（ベンゼン環）CH_2
　　　CH_2　　　　CH_2
　　つなぎ　　　　つなぎ

よーく見ると，フェノール

$\left($化学式：（ベンゼン環・OH）$\right)$ がいっぱい見えるよ!!

(6)　(5)の樹脂は，熱可塑性樹脂か？　熱硬化性樹脂か？

熱硬化性樹脂

だって，網目状構造ですもの…

172

(7) 次の構造式で示される樹脂の名称と構成する単量体の名称と示性式を答えよ。 …−N−CH₂−N−CO−NH CO CH₂ N−… NH CH₂ CO CH₂ CO	樹脂の名称は… **尿素樹脂** 単量体は… **尿素 CO(NH₂)₂** と **ホルムアルデヒド HCHO**	尿素樹脂も見ての通り，**立体網目**状構造，つまり**熱硬化性**樹脂で，またまたホルムアルデヒド（化学式：HCHO）がつなぎ役になってますよ‼ …−N CO NH NH CO NH N …− CH₂ CH₂ よーく見ると，尿素（化学式：CO NH₂ NH₂）の残骸がチラホラ…。
(8) (7)の樹脂は，熱可塑性樹脂か？ 熱硬化性樹脂か？	**熱硬化性樹脂**	だって，網目状だもの…。
(9) 次の構造式で示される樹脂の名称と構成する単量体の名称を答えよ。	樹脂の名称は… **メラミン樹脂** 単量体は… **メラミン** と **ホルムアルデヒド**	メラミン樹脂も**立体網目**状構造，つまり**熱硬化性**樹脂。またもやホルムアルデヒド（化学式：HCHO）がつなぎ役に‼ 注 メラミンの構造式はかけなくてもよい‼ H₂N NH₂ NH₂
(10) (9)の樹脂は，熱可塑性樹脂か？ 熱硬化性樹脂か？	**熱硬化性樹脂**	網目状ですよ‼ だって…。

(11) (5), (7), (9)の樹脂は何という方法で重合されるか？	**付加縮合**	付加反応と縮合反応が繰り返されて起こる重合反応が**付加縮合**だ!! フェノール樹脂では，まずホルムアルデヒドにフェノールが付加してヒドロキシメチル基（—CH_2OH）が生じ，これが別のフェノールと縮合して，重合が繰り返される。
(12) 電解質の水溶液中でH^+を放出して他の陽イオンと結合したり，OH^-を放出して他の陰イオンと結合したりすることができる，網目状構造の不溶性である合成樹脂を何というか？	**イオン交換樹脂**	**例** $$\left[CH_2-CH \left< \!\! \bigcirc \!\! \right> SO_3H \right]_n + nNa^+$$ $\rightleftarrows$ $$\left[CH_2-CH \left< \!\! \bigcirc \!\! \right> SO_3^- \cdot Na^+ \right]_n + nH^+$$ イオンを交換してるでしょ!? 名前だけは押さえておいてね!!

完璧に覚えたぜ!!

174

次はゴムか…

Theme 25 天然ゴムと合成ゴムのお話

ゴムってヤツは…

$$CH_3 \diagdown \quad \diagup H$$
$$\quad C = C$$
$$CH_2 \diagup \quad \diagdown CH_2$$

$$CH_3 \diagdown \quad \diagup H$$
$$\quad C = C$$
$$CH_2 \diagup \quad \diagdown CH_2$$

$$CH_3 \diagdown \quad \diagup H$$
$$\quad C = C$$
$$CH_2 \diagup \quad \diagdown CH_2$$

この部分は，二重結合により，がっちりと形が固定されている!!

その分，この結合のもろさが目立ち，折れ曲がりやすく弾性を生む

このように，**二重結合**を残しながら重合すると**ゴム**の性質を生む。

では，しっかり覚えていこう!!

質問!!	答え!!	コメント
(1) 天然ゴム（生ゴム）に最も性質が近いゴムといえば？	イソプレンゴム	天然ゴムとして紹介されている場合もある。
(2) 生ゴムに数％の硫黄を加えて加熱すると，弾性が増す。この処理を何と呼ぶか？	加硫	名前だけ押さえておいて！
(3) (2)の処理でできたゴムを何と呼ぶか？	弾性ゴム	そのままやんけ!!

(4)　次の単量体で構成されるゴムの名称と示性式を示せ。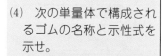		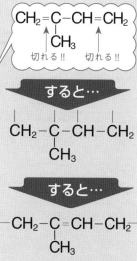$CH_2=\overset{\displaystyle |}{C}-CH=CH_2$ 　　　$\underset{\displaystyle CH_3}{|}$ 切れる!!　　切れる!! **すると…** $-\overset{\displaystyle |}{CH_2}-\overset{\displaystyle |}{\underset{\displaystyle CH_3}{C}}-\overset{\displaystyle |}{CH}-\overset{\displaystyle |}{CH_2}-$ **すると…**
(イ)　$CH_2=\overset{\displaystyle |}{C}-CH=CH_2$ 　　　$\underset{\displaystyle CH_3}{}$	(イ)　**イソプレンゴム** $\left[CH_2-\overset{\displaystyle |}{\underset{\displaystyle CH_3}{C}}=CH-CH_2 \right]_n$	
(ロ)　$CH_2=CH-CH=CH_2$	(ロ)　**ブタジエンゴム** $[CH_2-CH=CH-CH_2]_n$	$-CH_2-\overset{\displaystyle |}{\underset{\displaystyle CH_3}{C}}=CH-CH_2-$
(ハ)　$CH_2=\overset{\displaystyle |}{C}-CH=CH_2$ 　　　$\underset{\displaystyle Cl}{}$	(ハ)　**クロロプレンゴム** $\left[CH_2-\overset{\displaystyle |}{\underset{\displaystyle Cl}{C}}=CH-CH_2 \right]_n$	すべて**合成ゴム**。名称は単量体の名称に**ゴム**をつければ OK!!
(ニ)　$CH_2=CH-CH=CH_2$ 　　　と $CH_2=CH$ 　　　$\underset{\bigcirc}{}$	(ニ)　**スチレン-ブタジエンゴム**（SBR） $[CH_2-CH=CH-CH_2]_m[CH_2-CH]_n$	重合体中に，二重結合が残っているところがポイントだよ。
(ホ)　$CH_2=CH-CH=CH_2$ 　　　と $CH_2=CH$ 　　　$\underset{\displaystyle CN}{|}$	(ホ)　**アクリロニトリル-ブタジエンゴム**（NBR） $[CH_2-CH=CH-CH_2]_m[CH_2-\overset{}{\underset{\displaystyle CN}{CH}}]_n$	長い名前ですが覚えてください
(5)　(4)の(ニ)と(ホ)のように2種類以上の単量体による付加重合のことを何というか？	**共 重 合**	もっとひねれよ…

油脂ですよ!!

Theme 26 ちょこっとだけ油脂（ゆし）

このあたりも暗記分野です。例のシートで GO! GO!! GO!!!

質問!!	答え!!	コメント
(1) 三大栄養素を答えよ。	炭水化物（糖類） タンパク質 油脂（脂肪 しぼう）	Theme 22 参照!! Theme 21 参照!! p.92 参照!!
(2) 五大栄養素は三大栄養素に何と何を加えたものか？	ビタミン 無機塩類	ビタミンじゃないかーっ!!
(3) 脂肪酸（鎖式一価カルボン酸）の中でCの数が多いものを特に何というか？	高級脂肪酸	$R-COOH$ の R 中の C の数が多い脂肪酸のこと。 p.81 参照!!
(4) 一般式が $C_nH_{2n+1}COOH$ で表される脂肪酸を何と呼ぶか？	飽和脂肪酸	$R-COOH$ の R 内の炭素原子間に二重結合をもたない脂肪酸のこと。 例 $C_{15}H_{31}COOH$ （2×15+1） （パルミチン酸）
(5) 一般式が $C_nH_{2n-1}COOH$ や $C_nH_{2n-3}COOH$ などで表される脂肪酸を何と呼ぶか？	不飽和脂肪酸	$C_nH_{2n-1}COOH$ ➡ C 原子間に二重結合を 1 個もつ!! $C_nH_{2n-3}COOH$ ➡ C 原子間に二重結合を 2 個もつ!! （2×17−1） 例 $C_{17}H_{33}COOH$ （オレイン酸） ➡ C 原子間に二重結合を 1 個もつ!! 例 $C_{17}H_{31}COOH$（リノール酸）（2×17−3） ➡ C 原子間に二重結合を 2 個もつ!!

ここで…

油脂とは…

あれ…？
流れが変わった…

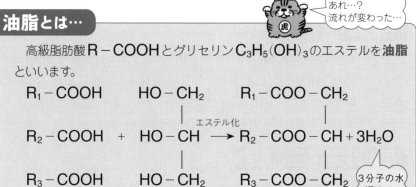

高級脂肪酸 R − COOH とグリセリン $C_3H_5(OH)_3$ のエステルを**油脂**といいます。

$$R_1 - COOH \qquad HO - CH_2 \qquad R_1 - COO - CH_2$$

$$R_2 - COOH \;+\; HO - CH \xrightarrow{\text{エステル化}} R_2 - COO - CH + 3H_2O$$

$$R_3 - COOH \qquad HO - CH_2 \qquad R_3 - COO - CH_2$$

3分子の高級脂肪酸 　　　 グリセリン 　　　 油脂

3分子の水が取れる!!

てなわけで，もとの流れに戻りましょう!!

質問!!	答え!!	コメント
(6) 常温で固体の油脂を何というか？	脂　肪	とうとう言ってしまいましたね，そのことばを…
(7) 常温で液体の油脂を何というか？	脂　肪　油	サラダ油とかゴマ油とかだよ。
(8) 脂肪油に触媒を用いて H_2 を付加させると，飽和脂肪酸の多い固体の油脂となります。これを何というか？	硬　化　油	H_2 の付加により C 原子間の二重結合がなくなっていく!! マーガリンなんかがいい例だね♥
(9) 二重結合が多い脂肪油で，空気中で酸化されて固化しやすいものを何というか？	乾　性　油	脂肪油については(7)参照!! 大豆油などがいい例です。
(10) 二重結合が少ない脂肪油で，空気中で酸化されにくく固化しないものを何というか？	不乾性油	私の大好きなオリーブ油がいい例です。

ここで一発，計算問題を‼

問題29 ── 標準 ──

リノール酸 $C_{17}H_{31}COOH$ のグリセリンエステルだけからなる油脂がある。この油脂 $100g$ に付加するヨウ素 I_2 の質量を有効数字 2 桁で求めよ。ただし，原子量は $H = 1.0$，$C = 12$，$O = 16$，$I = 127$ とする。

ダイナミック解説

まずは，この油脂の分子量を求めなければならない‼

$$C_{17}H_{31}COOH \quad\quad HO-CH_2 \quad\quad C_{17}H_{31}COO-CH_2$$
$$| \quad\quad\quad |$$
$$C_{17}H_{31}COOH \;+\; HO-CH \xrightarrow{\text{エステル化}} C_{17}H_{31}COO-CH + 3H_2O$$
$$| \quad\quad\quad |$$
$$C_{17}H_{31}COOH \quad\quad HO-CH_2 \quad\quad C_{17}H_{31}COO-CH_2$$

3分子の　　　　　　グリセリン　　　　　　油脂
リノール酸

分子量は…
$$(C_{17}H_{31}COO)_3C_3H_5$$
$$= (12 \times 17 + 1.0 \times 31 + 12 + 16 \times 2) \times 3 + 12 \times 3 + 1.0 \times 5$$
$$= \boxed{878}$$

これが分子量です‼

で‼　リノール酸 $C_{17}H_{31}COOH$ は $C_nH_{2n-3}COOH$ のタイプであるから，炭素原子間に 2 個の二重結合をもつ‼

17×2−3

p.176参照‼

つまーり‼

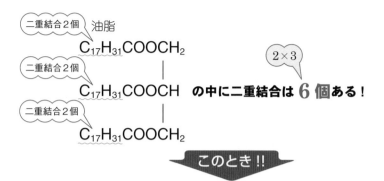

このとき!!

この二重結合 1 個につき，1 分子の I_2（ヨウ素）が付加します。

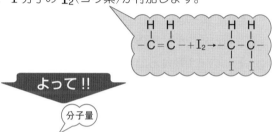

よって!!

分子量

この油脂 $1mol$，つまり 878 g につき，ヨウ素（I_2）は $6mol$ 付加します。つまり，$I_2 = 127 \times 2 = 254$ より，

$254 \times 6 = 1524(g)$ のヨウ素（I_2）が付加することになりまーす。

以上から…

$100g$ の油脂に付加するヨウ素（I_2）の質量を x（g）とすると…

$$878 : 1524 = 100 : x$$

油脂1mol＝878gに対して　　　　油脂100gに対して x（g）
1524gのヨウ素が付加する　　　　のヨウ素が付加する

これを解いて万事解決!!

180

解答でござる

この油脂の示性式は，次のように表される。

$(C_{17}H_{31}COO)_3C_3H_5$

よって，この油脂の分子量は **878**

リノール酸 $C_{17}H_{31}COOH$ は，炭素間に 2 個の
二重結合をもつ。

よって，この油脂の炭素間には，6 個の二重結合が
存在することになる。 $2 \times 3 = 6$

1 個の二重結合に 1 分子のヨウ素（I_2）が付加する
から，1mol つまり 878g のこの油脂に付加するヨウ
素（I_2）のモル数は 6mol，つまり，

$I_2 = 127 \times 2 = 254$ より，

$254 \times 6 = \mathbf{1524}$（g）である。

ここで，この油脂 100g に付加するヨウ素（I_2）
の質量を x（g）とすると，

$$878 : 1524 = 100 : x$$

$$878x = 1524 \times 100$$

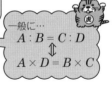

$$x = \frac{152400}{878}$$

$$x = 173.57\cdots$$

$$\therefore \quad x \fallingdotseq 170$$

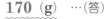

よって，求めるべきヨウ素の質量は，

$$\mathbf{170}\,(g) \quad \cdots (答)$$

セッケンについて…

アルカリ（NaOHなど）による加水分解を**けん化**といいます（p.93参照!!）。
このことを踏まえて…

> 加水分解

油脂に水酸化ナトリウムを加えて**けん化!!**

$$R-COO-CH_2$$
$$|$$
$$R-COO-CH + 3NaOH \xrightarrow{\text{けん化}} 3R-COONa + CH-OH$$
$$|$$
$$R-COO-CH_2$$

CH₂−OH
|
CH−OH
|
CH₂−OH

脂肪酸ナトリウム
つまり…セッケン!!

油脂

グリセリン

このようにして得られた **R−COONa** が，おなじみの**セッケン**です。

このお話にまつわる問題を…

問題30 — 標準

ある油脂440gを完全にけん化するのに必要な水酸化ナトリウムは60g
であった。この油脂の平均分子量を求めよ。ただし，式量は NaOH = 40
とする。

ダイナミックポイント!!

> なぜ**平均分子量**と表しているのか？　それは，いろいろな油脂が混合しているのがふつうな
> ので，そのいろいろな油脂の分子量の平均を求めたいからです。

$$\begin{pmatrix} 反応する \\ 油脂のモル数 \end{pmatrix} : \begin{pmatrix} 反応する \\ NaOHのモル数 \end{pmatrix} = 1 : 3$$

となります（上を見よ!!）。
これさえ押さえておけば，楽勝です♥

◁ 解答でござる ▷

この油脂の平均分子量を M とする。

この油脂 $1\,\mathrm{mol}$, つまり $M\,(\mathrm{g})$ をけん化するのに

必要な水酸化ナトリウムは $3\,\mathrm{mol}$, つまり,

$40 \times 3 = \mathbf{120}\,(\mathrm{g})$ である。

> NaOH = 40 より,
> NaOH 3mol の質量は,
> $40 \times 3 = 120$ (g)

この油脂 $440\,\mathrm{g}$ をけん化するのに必要な水酸化ナト

リウムは $60\,\mathrm{g}$ だったから,

$$M : 120 = 440 : 60$$

> $\left(\begin{array}{c}\text{油脂}\\\text{の質量}\end{array}\right) : \left(\begin{array}{c}\text{けん化に必要な}\\\text{NaOH の質量}\end{array}\right)$

$$60M = 120 \times 440$$

$$\therefore \quad M = 880$$

> 一般に,
> $A : B = C : D$
> $\Updownarrow$
> $AD = BC$

よって, 求めるべき油脂の平均分子量は,

$$\underline{\mathbf{880}} \quad \cdots（答）$$

> 意外に簡単
> だった…

> もう少しだよ!!
> 頑張れ〜っ!!

次のページでは，
2つのフローチャート
でまとめました。
赤シートを使って
反応の流れを覚えて
ください。

184

脂肪族化合物（鎖式化合物）を

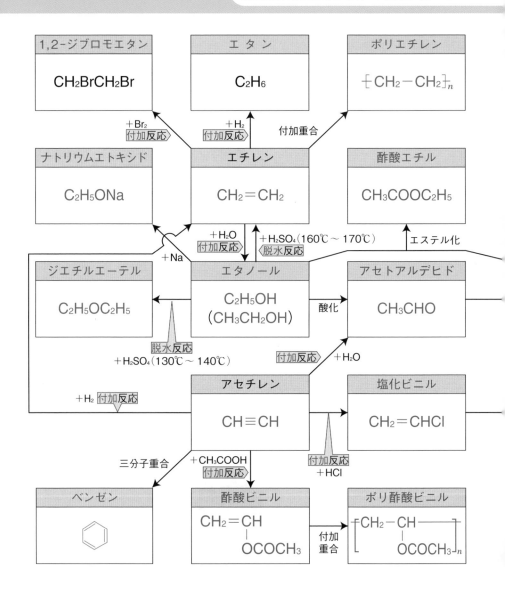

Part I

中心とした反応フローチャート

さぁ，赤いシートで
ガッチリ覚えてください!!

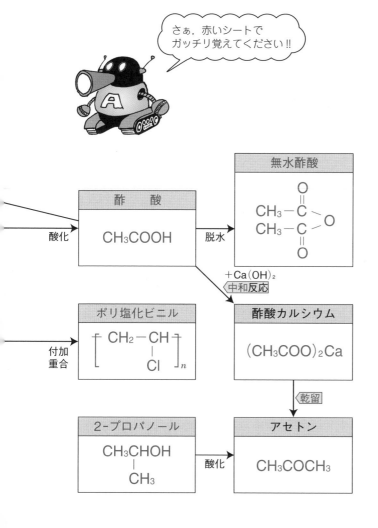

おまけ

芳香族化合物の

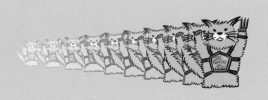

アセトアニリド	塩化ベンゼンジアゾニウム
NHCOCH₃	N₂Cl

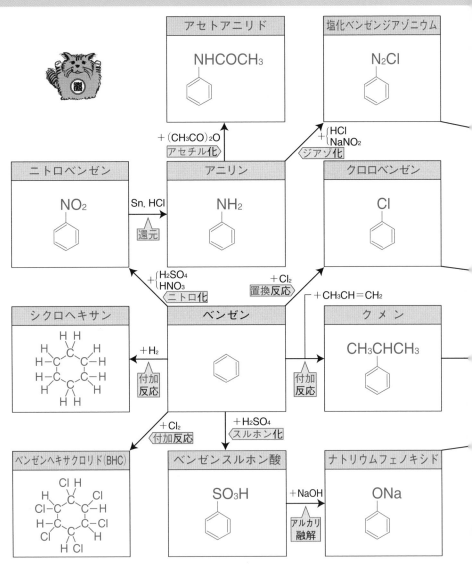

ニトロベンゼン	アニリン	クロロベンゼン
NO₂	NH₂	Cl

+ (CH₃CO)₂O アセチル化

+ {HCl, NaNO₂} ジアゾ化

Sn, HCl 還元

+ {H₂SO₄, HNO₃} ニトロ化

+ Cl₂ 置換反応

+ CH₃CH＝CH₂

シクロヘキサン	ベンゼン	クメン
H₂C-C-C-H ...		CH₃CHCH₃

+ H₂ 付加反応

+ Cl₂ 付加反応

+ H₂SO₄ スルホン化

付加反応

ベンゼンヘキサクロリド(BHC)	ベンゼンスルホン酸	ナトリウムフェノキシド
Cl H ...	SO₃H	ONa

+ NaOH アルカリ融解

Part II

反応フローチャート

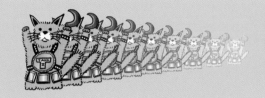

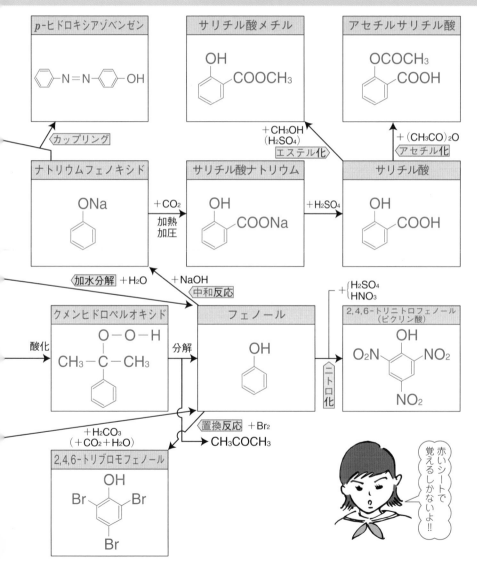

p-ヒドロキシアゾベンゼン

〈カップリング〉

サリチル酸メチル

OH
COOCH₃

+CH₃OH
(H₂SO₄)
〈エステル化〉

アセチルサリチル酸

OCOCH₃
COOH

+(CH₃CO)₂O
〈アセチル化〉

ナトリウムフェノキシド

ONa

+CO₂
加熱
加圧

サリチル酸ナトリウム

OH
COONa

+H₂SO₄

サリチル酸

OH
COOH

〈加水分解〉+H₂O　+NaOH
〈中和反応〉

クメンヒドロペルオキシド

O−O−H
CH₃−C−CH₃

酸化

分解

フェノール

OH

+{H₂SO₄ / HNO₃

〈ニトロ化〉

2,4,6-トリニトロフェノール（ピクリン酸）

O₂N　OH　NO₂
NO₂

〈置換反応〉+Br₂
→CH₃COCH₃

+H₂CO₃
(+CO₂+H₂O)

2,4,6-トリブロモフェノール

OH
Br　Br
Br

赤いシートで覚えるしかないよ!!

次は無機化学
を勉強します！

第2章

無機物質の巻

なせばなる
なさねばならぬ
なにごとも…

Theme 27　周期表と元素の性質

かっかすこっちばくろまん!!

RUB OUT 1　第4周期も暗記せよ!!

原子番号20まで
は覚えてたけど…

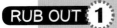

第4周期（原子番号19〜36）

19	20	21	22	23	24	25	26	27	28	29	30	31	32	33	34	35	36
K	Ca	Sc	Ti	V	Cr	Mn	Fe	Co	Ni	Cu	Zn	Ga	Ge	As	Se	Br	Kr
かっ	か	すこっち		ば	くろ	まん	て	こ	に	ど	あ	が	げ	あ	せん	ぶる	く

RUB OUT 2　元素の住み分け

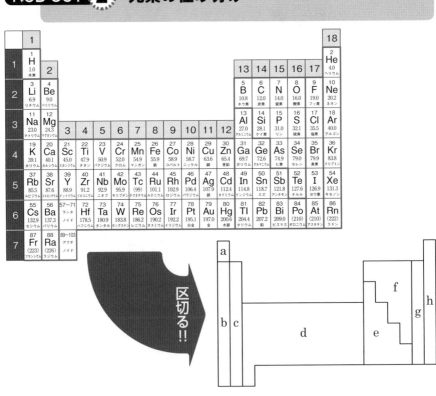

次の(1)〜(8)に属する元素を図の a 〜 h で示します。

(1)　金属元素　　　　　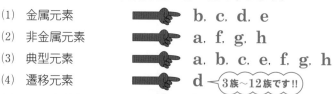 b，c，d，e

(2)　非金属元素　　　　a，f，g，h

(3)　典型元素　　　　　a，b，c，e，f，g，h

(4)　遷移元素　　　　　d —{3族〜12族です!!}

(5)　アルカリ金属　　　b

(6)　アルカリ土類金属　c

(7)　ハロゲン　　　　　g

(8)　貴ガス　　　　　　h

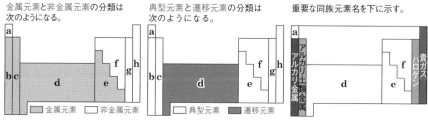

金属元素と非金属元素の分類は次のようになる。　　典型元素と遷移元素の分類は次のようになる。　　重要な同族元素名を下に示す。

□ 金属元素　□ 非金属元素　　□ 典型元素　■ 遷移元素

RUB OUT ③　元素の周期律

まったく、ご苦労なことだぜ!!

ロシアの化学者メンデレーエフは，元素を原子量の順に並べると，化学的性質のよく似た元素が周期的に現れることを発見した。この関係を**元素の周期律**と呼ぶ。当時，発見されていた元素数は少なく，不備も多かったが，現代の**元素の周期表**のルーツである!!

RUB OUT ④　典型元素と遷移元素の違い

最外殻電子の数

典型元素　　原子番号が増すにつれて，**価電子数**が周期的に変化する。

遷移元素　　　　　原子番号とは無関係に**価電子数がほぼ一定**である。

では，せっかく覚えた第4周期で検証してみましょう!!

族	1	2	3	4	5	6	7	8	9	10	11	12	13	14	15	16	17	18
元素	K	Ca	Sc	Ti	V	Cr	Mn	Fe	Co	Ni	Cu	Zn	Ga	Ge	As	Se	Br	Kr
原子番号	19	20	21	22	23	24	25	26	27	28	29	30	31	32	33	34	35	36
電子配置 K	2	2	2	2	2	2	2	2	2	2	2	2	2	2	2	2	2	2
L	8	8	8	8	8	8	8	8	8	8	8	8	8	8	8	8	8	8
M	8	8	9	10	11	13	13	14	15	16	18	18	18	18	18	18	18	18
N	1	2	2	2	2	1	2	2	2	2	1	2	3	4	5	6	7	8

←―→ 典型元素　←―――――――――遷移元素―――――――――→　←―――典型元素―――→

確かに，遷移元素の価電子数（第4周期ではN殻の電子数）はおかしいですよね…。1個 or 2個が連発しています。

RUB OUT 5　常温・常圧での状態

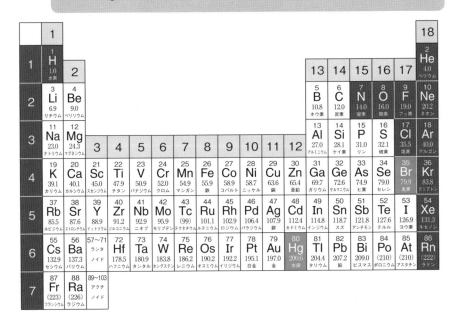

① 常温・常圧で液体であるものは：臭素 Br_2 と水銀 Hg：の2種類だけです‼

　☞　Hg は金属のくせに常温で液体‼

② 常温・常圧で気体であるものは，

水素 H_2　窒素 N_2　酸素 O_2（オゾン O_3）　フッ素 F_2　塩素 Cl_2
これに加えて貴ガス（全6種）

です。

③ ①，②以外はすべて常温・常圧で固体です‼

RUB OUT 6　両性金属

　酸の水溶液にも，水酸化ナトリウムのような強塩基の水溶液にも，**水素**を発生して溶けるような金属を**両性金属**と呼ぶ。代表的な元素は，**Zn，Al，Sn，Pb** である。これらの酸化物も酸と塩基の両方と反応する。
あ　　あ　　すん
なり

RUB OUT 7　電気伝導性と熱伝導性

1位は　　👉　銀 **Ag**
2位は　　👉　銅 **Cu**

銀＆銅‼

まとめておこう!!

問題31 標準

次の表は，周期表の一部を示している。この表の元素について，(1)〜(6)の各問いに答えよ。

族\周期	1	2	3	4	5	6	7	8	9	10	11	12	13	14	15	16	17	18
1	H																	He
2	Li	Be											B	C	N	O	F	Ne
3	Na	Mg											Al	Si	P	S	Cl	Ar
4	K	Ca	Sc	Ti	V	Cr	Mn	Fe	Co	Ni	Cu	Zn	Ga	Ge	As	Se	Br	Kr

(1) 常温・常圧でその単体が気体として存在する元素は何種類あるか。

(2) 常温・常圧でその単体が液体として存在する元素は何種類あるか。

(3) 遷移元素は何種類あるか。

(4) 非金属元素は何種類あるか。

(5) 化学的に安定で化合物をつくりにくい元素はどれか。元素記号で示せ。

(6) 両性金属と呼ばれる元素を元素記号で示せ。

解答でござる

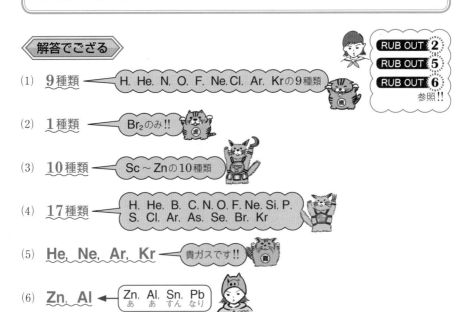

RUB OUT **2**
RUB OUT **5**
RUB OUT **6**
参照!!

(1) **9**種類 ── H，He，N，O，F，Ne，Cl，Ar，Kr の9種類

(2) **1**種類 ── Br_2 のみ!!

(3) **10**種類 ── Sc〜Zn の10種類

(4) **17**種類 ── H，He，B，C，N，O，F，Ne，Si，P，S，Cl，Ar，As，Se，Br，Kr

(5) **He，Ne，Ar，Kr** ── 貴ガスです!!

(6) **Zn，Al** ── Zn，Al，Sn，Pb
　　　　　　　　あ　あ　すん　なり

Theme 28　気体の製法と性質

焦らず1つひとつ暗記せよ!!

RUB OUT ❶　気体の実験室的製法

ポイント❶　何に何を混ぜたらその気体が発生するのか？
ポイント❷　加熱が必要か?? ▶ 実験装置が変わります!!
ポイント❸　化学反応式まで書けるようにするべきか??
この3つのポイントを押さえながら暗記しよう!!

Q 次の気体の実験室的製法を答えよ!!

★の数は化学反応式が書ける必要があるか?? の目安です!! ★が多いほど重要ってことです。

発生させる気体	どうすればよいか??	化学反応式
(1) 酸素　**超重要**　O_2　☞ 2通りの製法あり!!	① 過酸化水素H_2O_2の水溶液に酸化マンガン(Ⅳ)MnO_2を触媒として加える。	① ★★★★★ $2H_2O_2 \longrightarrow 2H_2O + O_2\uparrow$ ☞ 触媒のMnO_2は書かない!!
	② 塩素酸カリウム$KClO_3$に酸化マンガン(Ⅳ)MnO_2を触媒として作用させる。 **要加熱!!**	② ★★ $2KClO_3 \longrightarrow 2KCl + 3O_2\uparrow$ ☞ 触媒のMnO_2は書かない!!
(2) 水素　**超重要**　H_2	イオン化傾向がHより大きい金属に希酸(希硫酸や希塩酸)を作用させる。	★★★★ 例 $Zn + H_2SO_4 \longrightarrow ZnSO_4 + H_2\uparrow$ イオン化傾向については『化学[理論化学編] Theme 31』参照。
(3) 塩素　**超重要**　Cl_2	濃塩酸HClに酸化マンガン(Ⅳ)MnO_2を酸化剤として加える。 **要加熱!!**	★★ $4HCl + MnO_2 \longrightarrow MnCl_2 + 2H_2O + Cl_2\uparrow$ ㊟ $KMnO_4$などの他の酸化剤を用いてもOK!!

(4) 塩化水素 超重要 **HCl**	食塩NaClに濃硫酸H_2SO_4を加える。 要加熱!!	★★★ $NaCl + H_2SO_4 \longrightarrow$ $NaHSO_4 + HCl \uparrow$
(5) アンモニア 超重要 **NH$_3$**	塩化アンモニウムNH_4Clと水酸化カルシウム$Ca(OH)_2$を混ぜる。 要加熱!!	★★★ 一般化すると、アンモニウム塩+強塩基 $2NH_4Cl + Ca(OH)_2 \longrightarrow$ $CaCl_2 + 2H_2O + 2NH_3 \uparrow$ 塩化アンモニウム、水酸化カルシウムともに粉末状の固体である。
(6) 二酸化炭素 超重要 **CO$_2$**	石灰石$CaCO_3$に希塩酸HClを加える。	★★★★★ $CaCO_3 + 2HCl \longrightarrow$ $CaCl_2 + H_2O + CO_2 \uparrow$
(7) 一酸化炭素 重要 **CO**	ギ酸$HCOOH$に濃硫酸H_2SO_4を脱水剤として加える。 要加熱!!	★★★★ $HCOOH \longrightarrow H_2O + CO \uparrow$
(8) 一酸化窒素 超重要 **NO**	銅Cuに希硝酸HNO_3を酸化剤として加える。	★ $3Cu + 8HNO_3 \longrightarrow 3Cu(NO_3)_2 + 4H_2O + 2NO \uparrow$ ☞ Cuでなくてもイオン化傾向がHより小さいAg, HgでもOK!!
(9) 二酸化窒素 超重要 **NO$_2$**	銅Cuに濃硝酸HNO_3を酸化剤として加える。	★ $Cu + 4HNO_3 \longrightarrow Cu(NO_3)_2 + 2H_2O + 2NO_2 \uparrow$ ☞ Cuでなくてもイオン化傾向がHより小さいAg, HgでもOK!!
(10) 二酸化硫黄 ①のみ 超重要 ②のみ 並以下 **SO$_2$** ☞ 2通りの製法あり!!	① 銅Cuに熱濃硫酸H_2SO_4を酸化剤として加える。 要加熱!!	★ $Cu + 2H_2SO_4 \longrightarrow CuSO_4 + 2H_2O + SO_2 \uparrow$ ☞ Cuでなくてもイオン化傾向がHより小さいAg, HgでもOK!!
	② 亜硫酸ナトリウムNa_2SO_3に希硫酸H_2SO_4を加える。	★ $Na_2SO_3 + H_2SO_4 \longrightarrow$ $Na_2SO_4 + H_2O + SO_2 \uparrow$

(11)	硫化水素 超重要 H_2S	硫化鉄(Ⅱ)FeSに希塩酸 HClを加える。	★★★ 一般化すると，Sを含む硫化物＋強酸 $FeS + 2HCl \longrightarrow FeCl_2 + H_2S\uparrow$ 希HClのかわりに希H_2SO_4でも OK!!
(12)	フッ化水素 超重要 HF	ホタル石CaF_2に濃硫酸 H_2SO_4を加える。 要加熱!!	★★★★ $CaF_2 + H_2SO_4 \longrightarrow CaSO_4 + 2HF\uparrow$
(13)	窒素 重要でない N_2	亜硝酸アンモニウムNH_4NO_2 を熱分解する。 要加熱!!	★ $NH_4NO_2 \longrightarrow 2H_2O + N_2\uparrow$
(14)	メタン 重要 CH_4	酢酸ナトリウムCH_3COONa に，水酸化ナトリウム$NaOH$ またはソーダ石灰($NaOH$と CaOの混合物)を加える。 要加熱!!	★★★ $CH_3COONa + NaOH \longrightarrow$ $Na_2CO_3 + CH_4\uparrow$

(1)①，(3)，(8)，(9)，(10)は，『化学基礎』 Theme 28 の RUB OUT 3 &
RUB OUT 4 の知識を活用すれば化学反応式をつくることができます。

RUB OUT 2　気体の捕集法(集め方)

代表的な気体を次の3つのグループに分けます。

酸性の気体 ➡ 水に溶けてH^+を出す気体

$$CO_2, NO_2, SO_2, H_2S, Cl_2, HF, HCl, HBr, HI$$

塩基性の気体 ➡ 水に溶けてOH^-を出す気体

NH_3 えーっ!! オレだけかい!?

中性の気体 ☞ 水に溶けにくい気体（だから中性なの!!）

H_2, O_2, N_2, CO, NO, 炭化水素（CH_4, C_2H_4など）

これらの気体をどのように集めるか??

捕集方法には，次の3つがあります。

① **水上置換**

水に溶けにくい気体つまり**中性の気体**はすべてこの**水上置換**で集めます。

つまり…

H_2, O_2, N_2, CO, NO, 炭化水素

（中性の気体）

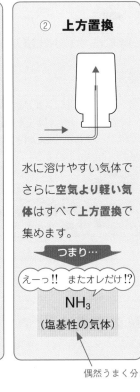

② **上方置換**

水に溶けやすい気体でさらに**空気より軽い気体**はすべて**上方置換**で集めます。

つまり…

えーっ!! またオレだけ!?

NH_3

（塩基性の気体）

偶然うまく分かれたもんだ…

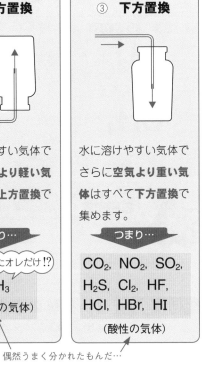

③ **下方置換**

水に溶けやすい気体でさらに**空気より重い気体**はすべて**下方置換**で集めます。

つまり…

CO_2, NO_2, SO_2, H_2S, Cl_2, HF, HCl, HBr, HI

（酸性の気体）

見かけの分子量が2倍!!

注 HFは常温で会合し$(HF)_2$として存在している。よって，空気より重くなります。

参考

空気の平均分子量は…??

空気は，$O_2 = 32$と$N_2 = 28$が1：4の割合で混合している。

よって，空気の平均分子量は，

覚えておこう!!

$$\frac{32 \times 1 + 28 \times 4}{1 + 4} = \frac{144}{5} = 28.8 \fallingdotseq 29$$

RUB OUT 3　気体の耳よりニュース

(i)　**有色の気体は??**

Cl_2(黄緑色)　NO_2(赤褐色)　O_3(淡青色)

☞　F_2(淡黄色)は，ほぼ無色なので，有色扱いをしないこともある。

(ii)　**有臭(有毒)な気体**

NH_3，H_2S(腐卵臭)，SO_2，
HCl，Cl_2，NO_2，O_3

Cl_2，NO_2，O_3の3つは，有色・有臭・有毒の3拍子!!

RUB OUT 4　気体の検出(確認する方法)

発生した気体がそこに存在しているか??
それを確認するための方法です。

星の数は重要度を表しています。

気体			検出方法
中性の気体	H_2	★★★★★	**音を立てて爆発的に燃える**
	O_2	★★★★★	マッチ棒の燃え残りが**再び燃え出す(助燃性がある)**
	N_2	—	特になし　えーっ!!
	CO	★★	強いていえば，**青白い炎を出して燃える**ことくらいかな…
	NO	★★★	空気中で**赤褐色の気体となる(NO_2になる)**
塩基性の気体	NH_3	★★★★★	① **HClに触れると白煙(NH_4Cl)を生じる**
		★	② **ネスラー試薬で黄~赤褐色の沈殿**　重要でない!!
酸性の気体	CO_2	★★★★★	**石灰水を白濁する**
	NO_2	★★★★	**赤褐色の気体なので色を見ればわかる!!**
	SO_2	★★★	① **過マンガン酸カリウム溶液(赤紫色)を脱色**
		★★	② **草花を脱色**　①②ともにSO_2の**還元性**による。
	H_2S	★★★★	① **腐卵臭なのでニオイでわかる!!**
		★★	② **鉛糖紙を黒変する!!**
	HF	★★★★★	**ガラスを腐食する**
	HCl	★★★★★	**NH_3に触れると白煙(NH_4Cl)を生じる**
	Cl_2	★★★★	**ヨウ化カリウムデンプン紙を青変する**

RUB OUT 5 発生装置いろいろ

気体の

(i) 加熱が必要な場合

❶ 液体or固体に液体を加えるとき

すごいね…

滴下ろうと
活栓
→GO!!
丸底フラスコ

この活栓（コック）によって加える液体を制御できる‼

例えば…
Cl_2（MnO_2＋濃HCl）
HCl（食塩＋濃H_2SO_4）
SO_2（Cu＋熱濃H_2SO_4）
HF（ホタル石＋濃H_2SO_4）
CO（$HCOOH$＋濃H_2SO_4）

❷ 固体と固体を反応させるとき

→GO!!

試験管の口は，少し下に向けます‼

またオレだけ⁉

これも例はNH_3（NH_4Cl＋$Ca(OH)_2$）だけです。

(ii) 加熱しない場合

<u>固体に液体を加えるケースしかありません</u>‼

しかし，状況によって，次の**3**つの装置があります。

❶ 最もオーソドックスなスタイル

滴下ろうと
活栓
→GO!!
三角フラスコ

この活栓（コック）によって加える液体を制御できまーす‼

加熱の必要がなければ基本的にこの装置で大丈夫‼

② ふたまた試験管の活用

このように傾ければ反応を停止させることができる!! よってくびれがついているほうに固体を入れるべし。

GO!!

くびれ　固体

これも❶と同様，加熱の必要がなければ，この装置で大丈夫!!

③ キップの装置の活用

A

活栓

B

C

GO!!

キップの装置

容器Bには粉末状よりも大きなかたまりになっている固体を入れ，容器Aに入れた液体と反応させるときに，このキップの装置を活用します。

例は…
H_2S（FeS＋希H_2SO_4）

かたまり状の固体

かたまり状の固体

CO_2（石灰石＋希HCl）
H_2（Zn＋希HCl or 希H_2SO_4）
お金がなければ❶❷でOK!!

RUB OUT ⑥ 乾燥剤いろいろ

気体を乾燥させるための乾燥剤は4つあります!!

❶ 濃硫酸 ➡ 酸性なので塩基性のNH_3には使えない!!

❷ P_4O_{10}（十酸化四リン）➡ 酸性なので，塩基性のNH_3には使えない!!

❸ $CaCl_2$（塩化カルシウム）➡ 中性だが，事情によりNH_3には使えない!!

❹ ソーダ石灰（$NaOH$とCaOの混合物）➡ 塩基性なので酸性の気体には使えない!!

注 ❸でNH_3がダメなのは，NH_3が$CaCl_2$にとりこまれて，化合物$CaCl_2 \cdot 8NH_3$をつくってしまうからである。

覚えなくてよい

装置は，❶のみ液体なので，U字管などの気体乾燥管は使えません。❷，❸，❹は気体乾燥管で!!

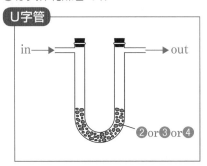

U字管

in → out

❷or❸or❹

in → out

ちなみにこの装置の名前は洗気びん

NH₃って孤独だね…

ザ・まとめ

中性の気体	👉	❶❷❸❹	すべてOK!!
酸性の気体	👉	❶❷❸	つまりソーダ石灰以外
塩基性の気体	👉	❹	つまりソーダ石灰のみ OK!!

NH₃のみです!!

ちゃんと覚えてニャー!!

では，気の利いた問題を…

問題32 — 標準

次の(1)〜(8)の気体を得るために最も適した薬品の組み合わせを **A群** から，実験装置を **B群** から，捕集法を **C群** から一つずつ選び，それぞれ記号で答えよ。

(1) 酸素　　(2) 水素　　　　(3) アンモニア　　(4) 塩化水素

(5) 塩素　　(6) 一酸化窒素　(7) 二酸化窒素　　(8) 二酸化硫黄

A群

(ア) 水酸化カルシウムと塩化アンモニウム

(イ) 酸化マンガン(IV)と濃塩酸

(ウ) 酸化マンガン(IV)と過酸化水素水

(エ) 銅と濃硝酸

(オ) 銅と希硝酸

(カ) 銅と熱濃硫酸

(キ) 亜鉛と希硫酸

(ク) 塩化ナトリウムと濃硫酸

B群

(ケ)

(コ)

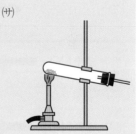
(サ)

C群

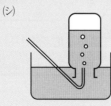
(シ)

(ス)

(セ)

ダイナミックポイント!!

(1) 酸素 O_2 👉 酸化マンガン(Ⅳ) MnO_2(触媒) + 過酸化水素水 [固体][液体] ─────→ (ウ)

加熱なしで固体に液体を加える ─────→ (コ)

水に溶けにくいので水上置換 ─────→ (シ)

〔Zn など〕

(2) 水素 H_2 👉 Hよりイオン化傾向が大きい金属 + 希 H_2SO_4 [固体][液体] ─────→ (キ)

加熱なしで固体に液体を加える ─────→ (コ)

水に溶けにくいので水上置換 ─────→ (シ)

(3) アンモニア NH_3 👉 水酸化カルシウム $Ca(OH)_2$ [固体]
+ 塩化アンモニウム NH_4Cl [固体] ─────→ (ア)

〔オレは仲間外れ!!〕

加熱ありで固体どうしの反応 ─────→ (サ)

NH_3 といえば上方置換!! ─────→ (ス)

(4) 塩化水素 HCl 👉 食塩(塩化ナトリウム) $NaCl$ + 濃 H_2SO_4 [液体] ─────→ (ク)

加熱ありで固体に液体を加える ─────→ (ケ)

酸性気体(水に溶ける)だから下方置換 ─────→ (セ)

(5) 塩素 Cl_2 👉 酸化マンガン(Ⅳ) MnO_2 + 濃 HCl [固体][液体] ─────→ (イ)

加熱ありで,固体に液体を加える ─────→ (ケ)

酸性気体(水に溶ける)だから下方置換 ─────→ (セ)

(6) 一酸化窒素 NO 👉 Cu + 希 HNO_3 [固体][液体] ─────→ (オ)

加熱なしで固体に液体を加える ─────→ (コ)

水に溶けにくいので水上置換 ─────→ (シ)

(7) 二酸化窒素 NO_2 👉 Cu + 濃 HNO_3 [固体][液体] ─────→ (エ)

加熱なしで固体に液体を加える ─────→ (コ)

酸性気体(水に溶ける)だから下方置換 ─────→ (セ)

(8) 二酸化硫黄 SO_2 👉 Cu + 熱濃 H_2SO_4 [固体][液体] ─────→ (カ)

加熱ありで固体に液体を加える ─────→ (ケ)

酸性気体(水に溶ける)だから下方置換 ─────→ (セ)

〔セットにして覚えよう!!〕

解答でござる

	(1)	(2)	(3)	(4)	(5)	(6)	(7)	(8)
A群	(ウ)	(キ)	(ア)	(ク)	(イ)	(オ)	(エ)	(カ)
B群	(コ)	(コ)	(サ)	(ケ)	(ケ)	(コ)	(コ)	(ケ)
C群	(シ)	(シ)	(ス)	(セ)	(セ)	(シ)	(セ)	(セ)

アンモニアだけ
固体どうしの反応で
上方置換なのだ!!

ほずー

Theme 29 金属イオンの性質

これは最重要だよ!!

RUB OUT 1 沈殿いろいろ *Part I*

❶ 塩化物イオン Cl^- で沈殿する Ag^+ Pb^{2+} Hg_2^{2+}

熱湯に溶ける!!

沈殿の色

AgCl 白色 $PbCl_2$ 白色 Hg_2Cl_2 白色

Cl^- Pb^{2+} Hg_2^{2+} Ag^+

❷ 炭酸イオン CO_3^{2-} または硫酸イオン SO_4^{2-} で沈殿する

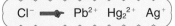 Ca^{2+} Ba^{2+} Pb^{2+}

SO_4^{2-}, CO_3^{2-} Ba^{2+} Ca^{2+} Pb^{2+}

沈殿の色

$CaCO_3$ 白色 $BaCO_3$ 白色 $PbCO_3$ 白色
$CaSO_4$ 白色 $BaSO_4$ 白色 $PbSO_4$ 白色

❸ クロム酸イオン CrO_4^{2-} で沈殿する Ag^+ Ba^{2+} Pb^{2+}

沈殿の色

Ag_2CrO_4 赤褐色 $BaCrO_4$ 黄色 $PbCrO_4$ 黄色

CrO_4^{2-}  Ag^+(赤褐) Pb^{2+}(黄) Ba^{2+}(黄)

❹　液体に関係なくH_2S（S^{2-}）で沈殿する

Pb^{2+}　Cd^{2+}　Cu^{2+}　Hg^{2+}　Ag^+

沈殿の色

PbS 黒色　CdS 黄色　CuS 黒色　HgS 黒色　Ag_2S 黒色

CdSのみ黄です!!
他はすべて黒色!!

H_2S ⟶ Pb^{2+}　Cd^{2+}（黄）Cu^{2+}　Hg^{2+}　Ag^+

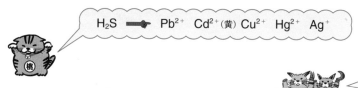

❺　中・酸性下でH_2S（S^{2-}）で沈殿する

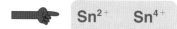

Sn^{2+}　　Sn^{4+}

沈殿の色

SnS 黒褐色　SnS_2 黄色

中・酸性でH_2S ⟶ 黒褐色　黄色　Sn

塩基性はダメ!!

いずれにせよ、
スズ（Sn）ってことね♥

❻　中・塩基性下でH_2S（S^{2-}）で沈殿する

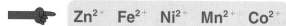

Zn^{2+}　Fe^{2+}　Ni^{2+}　Mn^{2+}　Co^{2+}

ZnS白，MnS桃
それ以外はすべて黒!!

沈殿の色

ZnS 白色　FeS 黒色　NiS 黒色　MnS 桃色　CoS 黒色

中・塩基性でH_2S ⟶ Co^{2+}　Mn^{2+}（桃）Ni^{2+}　Fe^{2+}　Zn^{2+}（白）

酸性はダメ!!

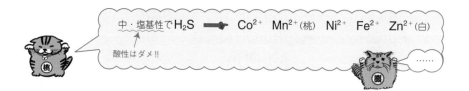

 ちょっと言わせて

❹．❺．❻　H_2S（S^{2-}）のお話に関しては，イオン化傾向が関係しています。ここに登場していないヤツもいるから，少ししか役に立たないかな…。

リッチに　かりよう　か　な　ま　あ
Li^+　K^+　Ca^{2+}　Na^+　Mg^{2+}　Al^{3+}

あ　　て　　　に　　　　せん　　　　な　　ひ　ど　す　　　ぎる…
Zn^{2+}　Fe^{2+}　Ni^{2+}　Sn^{2+}　Pb^{2+} (H)　Cu^{2+}　Hg^{2+}　Ag^+ (Pt Au)

❻　❺　❹

RUB OUT ❷　沈殿いろいろ Part Ⅱ

「$NaOH$水溶液とNH_3水（ともにOH^-を放出!!）を加えるとどうなるか??」がテーマです。

❶　$NaOH$水溶液またはNH_3水を加えると沈殿する。

　Ag^+　Cu^{2+}　Ni^{2+}　Zn^{2+}　Al^{3+}　Sn^{2+}　Pb^{2+}　Cr^{3+}　Fe^{3+}　Fe^{2+}

沈殿の色　　これだけ化学式が違う!!

Ag_2O 褐色　$Cu(OH)_2$ 青白色　$Ni(OH)_2$ 淡緑色　$Zn(OH)_2$ 白色

$Al(OH)_3$ 白色　$Sn(OH)_2$ 白色　$Pb(OH)_2$ 白色　$Cr(OH)_3$ 灰緑色

水酸化鉄（Ⅲ）赤褐色　$Fe(OH)_2$ 緑白色

このあとが大変なんです!!

またオレにゴロ合わせをさせる気かよーっ!?

❷　$NaOH$水溶液を過剰に加えると，次の沈殿は…

$Zn(OH)_2$　$\longrightarrow$　$[Zn(OH)_4]^{2-}$（無色溶液）

$Al(OH)_3$　$\longrightarrow$　$[Al(OH)_4]^-$　（無色溶液）

$Sn(OH)_2$　$\longrightarrow$　$[Sn(OH)_4]^{2-}$（無色溶液）

$Pb(OH)_2$　$\longrightarrow$　$[Pb(OH)_4]^{2-}$（無色溶液）

$Cr(OH)_3$　$\longrightarrow$　$[Cr(OH)_4]^-$　（緑色溶液）

のように錯イオン（[▲$(OH)_4$]■$^-$の形のイオン）となって溶けてしまいます。

[　]内のイオンの価数の合計

注　**錯イオン**とは金属イオンに分子や陰イオンが強引に結合(配位結合です。『化学[理論化学編]』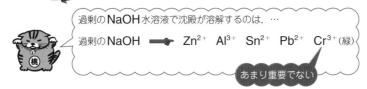 参照)することにより，全体としてかたまりになったイオンです。

過剰の**NaOH**水溶液で沈殿が溶解するのは，…

過剰の**NaOH** ➡ Zn^{2+}　Al^{3+}　Sn^{2+}　Pb^{2+}　Cr^{3+}(緑)

あまり重要でない

❸　**NH₃水**を**過剰に加える**と，次の沈殿は…

$Zn(OH)_2$ ⟶ $[Zn(NH_3)_4]^{2+}$ (無色溶液)

Ag_2O ⟶ $[Ag(NH_3)_2]^+$ (無色溶液)

$Cu(OH)_2$ ⟶ $[Cu(NH_3)_4]^{2+}$ (深青色溶液)

$Ni(OH)_2$ ⟶ $[Ni(NH_3)_6]^{2+}$ (青紫色溶液)

のように**錯イオン**（[▲(NH_3)●]■⁺の形のイオン）となって**溶けてしまいます**。

[　]内のイオンの価数の合計。ちなみにNH_3は0価!!

過剰の**NH₃**水で沈殿が溶解するのは…

過剰の**NH₃** ➡ Zn^{2+}，Ag^+，Cu^{2+}(青)，Ni(紫)

あまり重要でない

ザ・まとめ

沈殿する側に注目したほうが解きやすい問題が多いので，特に重要なものを中心にまとめ直します。

情けないヤツ…

ぁ Zn^{2+} 👉 過剰の**NaOH**でも過剰の**NH₃**でも溶けてしまう!!

ぁ Al^{3+}
すんなり Sn^{2+}
Pb^{2+} 👉 過剰の**NH₃**で沈殿する!!

貴金属コンビ Ag^+
Cu^{2+} 👉 過剰の**NaOH**で沈殿する!!

Fe^{3+}
鉄 Fe^{2+} 👉 いずれにせよ沈殿する!!

まさに鉄の意志だ…。相手によって態度を変えないね。

いろいろな錯イオンが登場しました。とりあえず名称を押さえておこう‼

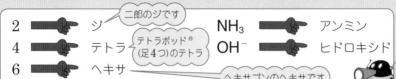

2	☞	ジ	二郎のジです
4	☞	テトラ	テトラポッド®(足4つ)のテトラ
6	☞	ヘキサ	

NH₃ ☞ アンミン
OH⁻ ☞ ヒドロキシド

ヘキサゴンのヘキサです

あと, 錯イオンが陰イオンになるときは「〜酸イオン」といいます。これらを踏まえて…

$[Zn(OH)_4]^{2-}$ ☞ **テトラヒドロキシド亜鉛(Ⅱ)酸イオン**

$[Al(OH)_4]^{-}$ ☞ **テトラヒドロキシドアルミン酸イオン**

$[Sn(OH)_4]^{2-}$ ☞ テトラヒドロキシドスズ(Ⅱ)酸イオン

$[Pb(OH)_4]^{2-}$ ☞ テトラヒドロキシド鉛(Ⅱ)酸イオン

$[Cr(OH)_4]^{-}$ ☞ テトラヒドロキシドクロム(Ⅲ)酸イオン

$[Zn(NH_3)_4]^{2+}$ ☞ **テトラアンミン亜鉛(Ⅱ)イオン**

$[Ag(NH_3)_2]^{+}$ ☞ **ジアンミン銀(Ⅰ)イオン**

$[Cu(NH_3)_4]^{2+}$ ☞ **テトラアンミン銅(Ⅱ)イオン**

$[Ni(NH_3)_6]^{2+}$ ☞ ヘキサアンミンニッケル(Ⅱ)イオン

赤字のところだけ押さえておけばOK‼
あと, "アルミン"は"Al^{3+}"の意味なので, (Ⅲ)は不要です。

RUB OUT **3** 炎色反応（えんしょくはんのう）

　沈殿をつくらないイオンは, そのイオンの溶液を白金線の先につけ, 火あぶりにて, 炎の色を見るべし‼　その色によって正体が明らかに…。これを**炎色反応**と呼びます。

炎色反応の色でーす

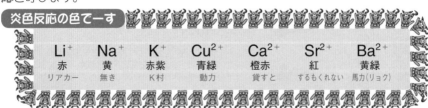

Li^{+}	Na^{+}	K^{+}	Cu^{2+}	Ca^{2+}	Sr^{2+}	Ba^{2+}
赤	黄	赤紫	青緑	橙赤	紅	黄緑
リアカー	無き	K村	動力	貸すと	するもくれない	馬力(リョク)

注 これ以外にもありますが，重要でないので書かないよーっ‼

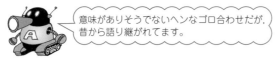

意味がありそうでないヘンなゴロ合わせだが，昔から語り継がれてます。

今までの知識を結集して…。

問題33 ── ちょいムズ

Na$^+$ Al^{3+} K$^+$ Ca^{2+} Fe^{3+} Cu^{2+} Zn^{2+} Ag$^+$ Ba^{2+} Pb^{2+}

の陽イオンが溶けている水溶液から，性質の似ているイオンを分離する操作（①〜⑧）を次に示す。

```
                    水溶液
                      │
                ①希塩酸を加える
              ┌───────┴───────┐
           沈殿A              ろ液
              │                │
       ②熱湯を加える      ④硫化水素を通じる
        ┌────┴────┐      ┌────┴────┐
     沈殿B      ろ液   沈殿D      ろ液
                 │                │
           ③クロム酸カリウム   ⑤煮沸後，希硝酸を加えて，
             溶液を加える        過剰のアンモニア水を加える
                 │            ┌────┴────┐
              沈殿C         沈殿E      ろ液
                             │          │
                     ⑧過剰の水酸化ナトリウム  ⑥硫化水素を加える
                       水溶液を加える      ┌────┴────┐
                    ┌────┴────┐     沈殿F      ろ液
                 沈殿G    ろ液X               │
                                     ⑦煮沸後，炭酸アンモニウム
                                       水溶液を加える
                                      ┌────┴────┐
                                   沈殿H      ろ液Y
```

(1) 沈殿A〜Hに含まれる化合物の化学式と色をそれぞれ答えよ。

(2) ろ液X，Yに含まれる金属イオンのイオン式を答えよ。

(3) 操作⑤で希硝酸を加える理由を答えよ。

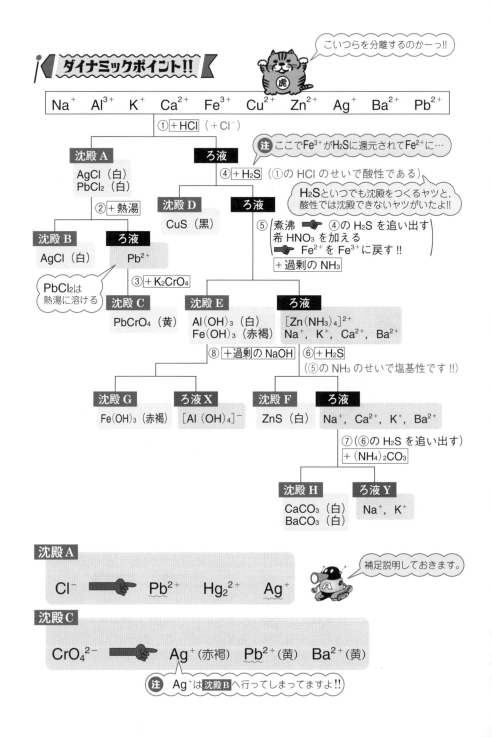

沈殿 D

$$H_2S \quad \blacktriangleright \quad Pb^{2+} \quad Cd^{2+} (黄) \quad Cu^{2+} \quad Hg^{2+} \quad Ag^+$$

注 Pb^{2+}は **沈殿C** へ，Ag^+は **沈殿B** へ行ってしまってますよ!!

沈殿 E と **沈殿 G** について…

ふたたび

p.209参照

ザ・まとめ

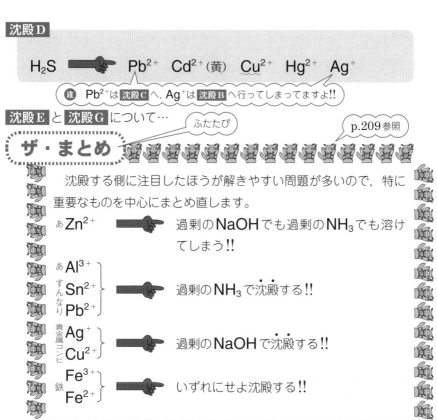

沈殿する側に注目したほうが解きやすい問題が多いので，特に重要なものを中心にまとめ直します。

ぁ Zn^{2+}　▶　過剰の$NaOH$でも過剰のNH_3でも溶けてしまう!!

ぁ Al^{3+}
すんなり Sn^{2+}
Pb² Pb^{2+}
▶　過剰のNH_3で沈殿する!!

貴金属コンビ Ag^+
Cu^{2+}
▶　過剰の$NaOH$で沈殿する!!

鉄 Fe^{3+}
Fe^{2+}
▶　いずれにせよ沈殿する!!

沈殿 E

ザ・まとめ より，過剰のNH_3で沈殿するのは…
Al^{3+}とFe^{3+}です（Pb^{2+}は **沈殿C** へ行ってしまってます）。

沈殿 G

ザ・まとめ より，過剰の$NaOH$で沈殿するのは…
Fe^{3+}です（Ag^+は **沈殿B** へ，Cu^{2+}は **沈殿D** へ行ってしまってます）。

沈殿 F

中・塩基性でH_2S　▶　Co^{2+}，Mn^{2+}(桃)，Ni^{2+}，Fe^{2+}，Zn^{2+}(白)
酸性はダメ!!

沈殿 H

$$SO_4^{2-}, CO_3^{2-} \Longrightarrow Ba^{2+} \quad Ca^{2+} \quad Pb^{2+}$$

Pb^{2+}は 沈殿 C に行ってしまってますよ!!

解答でござる

(1) 沈殿 A 　$AgCl$(白色), $PbCl_2$(白色)

沈殿 の色は白が多いね♥

　　沈殿 B 　$AgCl$(白色)

　　沈殿 C 　$PbCrO_4$(黄色)

　　沈殿 D 　CuS(黒色)

　　沈殿 E 　$Al(OH)_3$(白色), $Fe(OH)_3$(赤褐色)

　　沈殿 F 　ZnS(白色)

注　S^{2-}がらみは黒い沈殿が多い!!
こんな中でZnSの白は珍しいぞ!!

　　沈殿 G 　水酸化鉄(Ⅲ)(赤褐色)

　　沈殿 H 　$CaCO_3$(白色), $BaCO_3$(白色)

(2) ろ液 X 　$[Al(OH)_4]^-$

　　ろ液 Y 　Na^+, K^+

(3) 酸化してFe^{2+}をFe^{3+}にするため

操作④で加えたH_2Sの還元作用によりFe^{3+}
がFe^{2+}になってしもうた…。これを元に戻す
べくHNO_3の酸化力を活用したわけだね!!

Theme 30　17族（ハロゲン）のお話

4つの元素を覚えてください

ハロゲンとは17族の
F　Cl　Br　I　At　の5元素です。

重要でない!!

RUB OUT ❶　ハロゲン単体の性質

ハロゲンの単体は，F_2，Cl_2，Br_2，I_2のように2原子分子の状態で存在している。常温では…

フッ素F_2は**淡黄**色の**気体**
塩素Cl_2は**黄緑**色の**気体**
臭素Br_2は**赤褐**色の**液体**
ヨウ素I_2は**黒紫**色の**固体**

として存在している。

色も大切!!
赤いシートで覚えよう!!

☞　酸化力の強い順は$F_2 > Cl_2 > Br_2 > I_2$です!!

そこで…　　水H_2Oとも激しく反応します!!

例1　$2KI + Cl_2 \longrightarrow 2KCl + I_2$

入れかわる!!

例2　$2KBr + I_2 \longrightarrow$　**反応しません!!**

酸化力が強い＝自分は還元されたい!!
つまり，単体より陰イオンの状態になりたがっているわけです。
例1では，酸化力が$Cl_2 > I_2$であることから，王者Cl_2の前でI^-なんて態度は許されません。形勢が逆転します。
例2では，酸化力が$Br_2 > I_2$であることからこのままでよいことになります。

水との反応

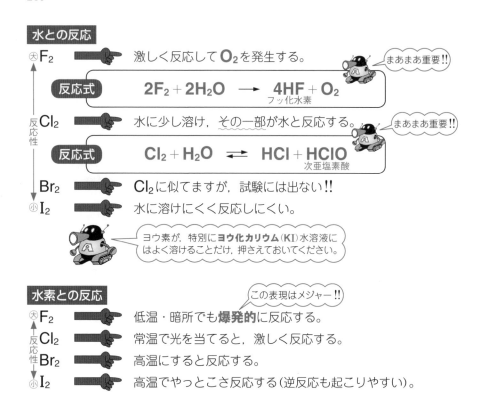

ⓧ F_2 👉 激しく反応して O_2 を発生する。　　まあまあ重要!!

反応式　$2F_2 + 2H_2O \longrightarrow 4HF + O_2$
フッ化水素

Cl_2 👉 水に少し溶け，その一部が水と反応する。　まあまあ重要!!

反応式　$Cl_2 + H_2O \rightleftharpoons HCl + HClO$
次亜塩素酸

Br_2 👉 Cl_2 に似てますが，試験には出ない!!

ⓧ I_2 👉 水に溶けにくく反応しにくい。

ヨウ素が，特別に**ヨウ化カリウム**(KI)水溶液にはよく溶けることだけ，押さえておいてください。

水素との反応

この表現はメジャー!!

ⓧ F_2 👉 低温・暗所でも**爆発的**に反応する。

Cl_2 👉 常温で光を当てると，激しく反応する。

Br_2 👉 高温にすると反応する。

ⓧ I_2 👉 高温でやっとこさ反応する(逆反応も起こりやすい)。

RUB OUT ② ハロゲン化水素の性質

ハロゲン化水素…HF，HCl，HBr，HIはすべて**無色**の**気体**である。刺激臭で
フッ化水素　塩化水素　臭化水素　ヨウ化水素
毒性が強い。

☞　水溶液の酸性の強い順は**HI > HBr > HCl ≫ HF**であり，**HF**のみ弱酸。

☞　沸点の高い順は**HF > HI > HBr > HCl**である。**HF**が異常に高いの
は，分子間に強い結合(水素結合)を形成するためである。

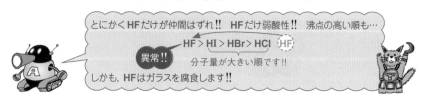

とにかく**HF**だけが仲間はずれ!!　**HF**だけ弱酸性!!　沸点の高い順も…

HF > HI > HBr > HCl　(HF)

異常!!　分子量が大きい順です!!

しかも，**HF**はガラスを腐食します!!

HFがガラスを腐食する物語

⑦　HFの気体がガラス（主成分 SiO_2）を腐食(ふしょく)するときの化学反応式は？

$$SiO_2 + 4HF \longrightarrow SiF_4 + 2H_2O$$

四フッ化ケイ素
（気体です!!）

◻　HFの水溶液である**フッ化水素酸**がガラス（主成分 SiO_2）を腐食するときの化学反応式は？

$$SiO_2 + 6HF \longrightarrow H_2SiF_6 + 2H_2O$$

ヘキサフルオロケイ酸
（液体です!!）

⑦と◻の微妙な違いを押さえておいてください!!
最重要ではないが、まあまあ重要です!!

RUB OUT 3　ハロゲン化銀について

AgFだけ水溶性，**AgCl**，**AgBr**，**AgI**は沈殿をつくる。

また仲間外れ!!　　白色沈殿　　淡黄色沈殿　　黄色沈殿

❶　これら3種類の沈殿は**チオ硫酸ナトリウム** $Na_2S_2O_3$ 水溶液には溶けてしまう。

$$AgCl + 2S_2O_3{}^{2-} \longrightarrow [Ag(S_2O_3)_2]^{3-} + Cl^-$$

ビス（チオスルファト）
銀（Ⅰ）酸イオン

$$AgBr + 2S_2O_3{}^{2-} \longrightarrow [Ag(S_2O_3)_2]^{3-} + Br^-$$

$$AgI + 2S_2O_3{}^{2-} \longrightarrow [Ag(S_2O_3)_2]^{3-} + I^-$$

❷　**AgCl**が過剰のアンモニア水に溶けることも押さえておいて!!

（p.209 RUB OUT 2 ❸参照!!）

$$AgCl + 2NH_3 \longrightarrow [Ag(NH_3)_2]^+ + Cl^-$$

ジアンミン銀（Ⅰ）イオン

フッ素の化合物の仲間外れぶりはまだまだあるよ!!
ホタル石
CaF_2 は水に溶けないけど
$CaCl_2$，$CaBr_2$，CaI_2 は，水に溶けます!!

ハロゲンの中でも塩素の製法については頻出です。

問題34 — **標準**

次の実験装置を用いて，濃塩酸と酸化マンガン(IV)から乾燥塩素ガスをつくった。このとき，次の各問いに答えよ。

(1) フラスコ **C** の中での反応を化学反応式で示せ。

(2) 洗気びん **A**，**B** に入れる液体の物質名およびその作用を答えよ。

(3) 塩素ガスの捕集法は次のどれか。

　(ア) 上方置換

　(イ) 下方置換

　(ウ) 水上置換

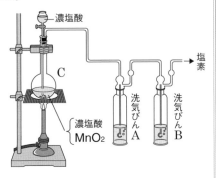

解答でござる

p.195(3)参照‼

(1) $4HCl + MnO_2 \longrightarrow Cl_2 + MnCl_2 + 2H_2O$

> Cl_2 だけを集めたいのに HCl が少しでも混ざってしまうことは悲しい
> HCl は水に溶けるので，この性質を利用します。

(2) **A** 　液体　水

　　作用　揮発した塩化水素をまず水に吸収させて除去するため。

　　B 　液体　濃硫酸

p.195 **RUB OUT** ⑥ 参照‼

　　作用　水蒸気を除去し，塩素ガスを乾燥させるため。

> Cl_2 は酸性の気体なので，乾燥剤で液体であるものは濃 H_2SO_4 のみ‼

p.197 **RUB OUT** ② 参照‼
酸性の気体は下方置換です。

(3) (イ)

> 洗気びんがダブルで組み込まれています‼
> 特徴的なのでよく入試に出ますよ‼

Theme 31　16族代表はOとS

16族はこの2元素だけ押さえればよい!!

RUB OUT 1　酸素 O_2

無色，無臭の気体で水に溶けにくい。化学的には活発で多くの元素と直接化合して，酸化物をつくる。

O_2の実験室的製法については Theme 28 を参照!!

例　$C + O_2 \longrightarrow CO_2$

　　$4Fe + 3O_2 \longrightarrow 2Fe_2O_3$

RUB OUT 2　オゾン O_3

赤字のところは覚えてください!!

① オゾン O_3 は，酸素 O_2 の**同素体**である。

② オゾン O_3 は**特異臭**のある**淡青色**の気体である。

③ 酸素 O_2 中で**放電**すると，オゾン O_3 が得られる。

④ 強い酸化作用をもつと同時に**殺菌作用**ももつ。

『化学基礎』Theme 28 参照!!

⑤ 湿った**ヨウ化カリウムデンプン紙**を青変させる(酸化作用による)。

　$2KI + H_2O + O_3 \longrightarrow 2KOH + I_2 + O_2$
ヨウ化カリウム

RUB OUT 3　硫黄 S

① **斜方硫黄**，**単斜硫黄**，**ゴム状硫黄**(無定形硫黄)の3種類の**同素体**がある。

② ①のうち，2種類は分子式 S_8 の形で存在している。

斜方硫黄と単斜硫黄です

ちなみに，**ゴム状硫黄**の分子式は決まってない $(S \sim S_\infty)$ です。

RUB OUT 4 　硫黄Sを含む化合物

H_2Sの実験室的製法については **28** を参照!!

(i) **硫化水素H_2S**

1 **無色**，**腐卵**臭の有毒気体である。

p.207参照!!

2 水溶液は**弱酸性**を示す。

3 湿った**鉛糖**紙を近づけると黒変する。(**PbSの黒**)

4 **還元剤**として有名!!　(『化学基礎』**28**を参照!!)

(ii) **二酸化硫黄SO_2**

SO_2の実験室的製法については **28** を参照!!

1 **無色**，**刺激**臭の有毒気体である。

2 水溶液は**弱酸性**を示す。

3 **還元剤**として有名!!　(『化学基礎』**28**を参照!!)

(iii) **三酸化硫黄SO_3**

無色の結晶で加熱することにより昇華する。

(iv) **硫酸H_2SO_4**

工業的製法

次の3工程から硫酸を合成します。

黄鉄鉱FeS_2を用いることもあります。

工程1 　$S + O_2 \longrightarrow SO_2$ 　　(Sの燃焼!!)

工程2 　$2SO_2 + O_2 \xrightarrow{(触媒\ V_2O_5)} 2SO_3$ 　(${SO_2}$の酸化!!)

工程3 　$SO_3 + H_2O \longrightarrow H_2SO_4$ 　(水を作用!!)

この方法を**接触法**と申します。

1 **熱濃硫酸**は強い酸化作用をもつ(『化学基礎』**28**を参照!!)。

2 **濃硫酸**は脱水剤，吸湿剤，乾燥剤として用いられる。

有機化合物の反応でしばしば登場!!

28 の RUB OUT 6 で登場!!

(v) **亜硫酸H_2SO_3**

弱酸性を示す。還元性がある。

問題35　標準

次の文の(ア)〜(オ)の空欄に，適当な語句を入れよ。

黄鉄鉱 FeS_2 を　(ア)　の存在下で燃焼させ，　(イ)　をつくり，これと空気との混合物を　(ウ)　などの触媒に通して　(エ)　とする。さらに，これを濃硫酸に吸収させて発煙硫酸とし，これに希硫酸を加えて濃硫酸をつくる。この方法を　(オ)　という。

解答でござる

(ア)　**酸素 (O_2)**

(イ)　**二酸化硫黄 (SO_2)**

(ウ)　**酸化バナジウム（V）（V_2O_5）** ◀

(エ)　**三酸化硫黄 (SO_3)**

(オ)　**接触法**

硫酸 H_2SO_4 の製法については流れを押さえておけばOK!!

できれば覚えといて!!
Theme **18** の RUB OUT **2** でも登場しました!!

Theme 32　15族代表はNとP

N₂の実験室的製法については Theme 28 を参照!!

RUB OUT 1　窒素 N_2

① 無色，無臭の気体で，空気の約80%を占める。

② 常温では反応性に乏しいが，高温で活発に反応する。

例　$N_2 + O_2 \longrightarrow 2NO$

RUB OUT 2　リンP

（あまり重要でない）

① 黄リン，赤リン，黒リンなどの同素体がある。

② 黄リンは，白色または淡黄色のろう状固体でニラ臭があり猛毒，反応性も活発（空気中で自然発火）でリン光を放つ。分子式は P_4 で表される。

③ 赤リンは，暗赤色の粉末で無臭，反応性は不活発で毒性も少ない。

（とにかく，特徴があるのは黄リンのほうです。OH!! リン）

RUB OUT 3　窒素Nを含む化合物

NH₃の実験室的製法については Theme 28 を参照!!

(i) アンモニア NH_3

工業的製法　（ハーバー・ボッシュ法ともいう）

ハーバー法と申しまして…
窒素と水素を原料として，高温・高圧の下で四酸化三鉄 Fe_3O_4 を触媒として，アンモニアを合成する。

（実験室では無理!!）$N_2 + 3H_2 \rightleftarrows 2NH_3$

① 無色で，刺激臭をもつ気体である。

② 水にきわめてよく溶ける。弱塩基性を示す。

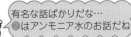

（有名な話ばかりだな… ②はアンモニア水のお話だね）

❸　捕集法は**上方置換**である（の RUB OUT **2** 参照!!）。

(ii)　**一酸化窒素NO**

❶　無色の気体で水に溶けにくい。

❷　空気中ですぐに酸化され，**赤褐色**の気体NO_2となる。

$$2NO + O_2 \longrightarrow 2NO_2$$
赤褐色

(iii)　**二酸化窒素NO_2**

❶　**赤褐色**の**刺激**臭をもつ有毒な気体である。

❷　酸化力が強い（『化学基礎』📘参照!!）。

❸　**ヨウ化カリウムデンプン紙**を青変させる（❷による）。

❹　水に溶けて**硝酸**となる。

$$3NO_2 + H_2O \longrightarrow 2HNO_3 + NO$$

(iv)　**一酸化二窒素N_2O**

　　無色の気体で**麻酔**作用がある。笑気とも呼ばれる。

　　笑気!?

(v)　**硝酸HNO_3**

実験室的製法

　　硝酸塩に濃硫酸を加える。

　　例　$NO_3^- + H_2SO_4 \longrightarrow HSO_4^- + HNO_3$

工業的製法

　　オストワルト法と申しまして，アンモニアを原料として次の3つの工程により，硝酸をつくります。

工程①　アンモニアNH_3を原料とし，**白金Pt**を触媒としてO_2で酸化して**NO**をつくる。

$$4NH_3 + 5O_2 \longrightarrow 4NO + 6H_2O \quad \cdots ⑦$$

工程②　NOを空気に触れさせてO_2で酸化してNO_2にする。

$$2NO + O_2 \longrightarrow 2NO_2 \quad \cdots ⑩$$

工程③　NO_2に水（温水）を作用させてHNO_3にする。

$$3NO_2 + H_2O \longrightarrow 2HNO_3 + NO \quad \cdots ⑪$$

この3つの工程をまとめると…

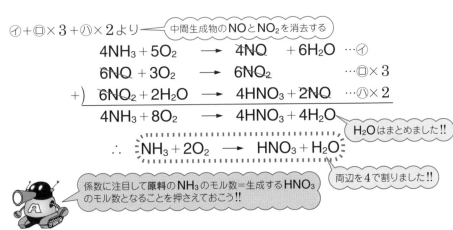

④＋□×3＋⑧×2より ← 中間生成物のNOとNO₂を消去する

$$4NH_3 + 5O_2 \longrightarrow 4NO + 6H_2O \quad \cdots ④$$
$$6NO + 3O_2 \longrightarrow 6NO_2 \quad \cdots □×3$$
$$+) \quad 6NO_2 + 2H_2O \longrightarrow 4HNO_3 + 2NO \quad \cdots ⑧×2$$
$$4NH_3 + 8O_2 \longrightarrow 4HNO_3 + 4H_2O$$

H₂Oはまとめました!!

$$\therefore \quad NH_3 + 2O_2 \longrightarrow HNO_3 + H_2O$$

両辺を4で割りました!!

係数に注目して原料のNH₃のモル数＝生成するHNO₃のモル数となることを押さえておこう!!

ザ・まとめ

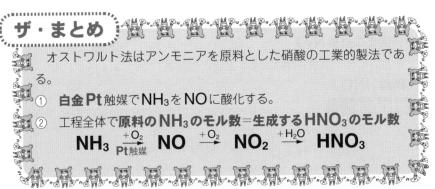

オストワルト法はアンモニアを原料とした硝酸の工業的製法である。

① 白金Pt触媒でNH₃をNOに酸化する。

② 工程全体で原料のNH₃のモル数＝生成するHNO₃のモル数

$$NH_3 \xrightarrow[Pt触媒]{+O_2} NO \xrightarrow{+O_2} NO_2 \xrightarrow{+H_2O} HNO_3$$

❶ 硝酸は**強酸性**を示すことであまりにも有名!!

❷ 硝酸は強い**酸化**作用をもつ。

❸ 濃塩酸と濃硝酸を3：1の割合で混合した液体を**王水**と呼び、イオン化傾向の小さい**Pt、Au**を溶かす。

❹ **Al、Fe、Ni、Cr**はイオン化傾向が水素より大きいものの濃硝酸には溶けない。これは硝酸の強い**酸化**作用によりこれらの金属の表面に酸化被膜を形成し、内部への酸の浸透を防ぐためである。この状態を**不動態**と呼ぶ。

あ て に くる が 動かない!!
Al Fe Ni Cr **不動態**

RUB OUT 4　リン P を含む化合物

(i) **リン酸 H_3PO_4**

無色の結晶で水溶液は**中程度の酸性**を示す。

(ii) **十酸化四リン P_4O_{10}**

白色の吸湿性の強い粉末であるため、**乾燥剤**や**脱水剤**として活用される。

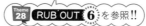 Theme 28 RUB OUT 6 を参照!!

問題36　標準

アンモニアを原料とした硝酸の工業的製法について、次の各問いに答えよ。

(1) この方法を何というか。

(2) このとき触媒として用いられる金属の名称を答えよ。

(3) アンモニアは酸化され窒素の酸化物となる。この酸化物の化学式を書け。

(4) 3mol のアンモニアを原料にしたとき、理論上何 mol の硝酸が得られるか。

解答でござる

(1) **オストワルト法**

 詳しい内容については p.223 を見てね!!

(2) **白金** ← Pt です!!

(3) **NO (NO₂)** ←  $NH_3 \xrightarrow[\text{Pt触媒}]{+O_2} NO$

(4) **3mol** ←  原料の NH_3 のモル数＝生成する HNO_3 のモル数

 覚えておくと便利だよ♥

Theme 33　14族代表はCとSi

14族は

C Si Ge Sn Pb が登場します!!

RUB OUT 1　炭素C

炭素には，**ダイヤモンド**，**黒鉛**，**フラーレン**，カーボンナノチューブ，無定形炭素などの同素体がある。

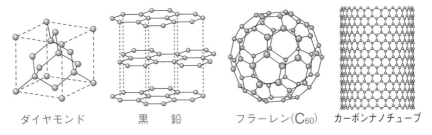

ダイヤモンド　　　　黒　鉛　　　　フラーレン(C_{60})　カーボンナノチューブ

RUB OUT 2　ケイ素Si

1位	2位	3位	4位
O	Si	Al	Fe

おっ しゃっ て!!

① 　地殻中の存在率は酸素に次いで2位です。ただし天然に単体としては存在せず，すべて二酸化ケイ素SiO_2などの形で地殻の主成分となっている。

② 　フッ素と反応して，**フッ化ケイ素SiF_4**となる。

$$Si + 2F_2 \longrightarrow SiF_4$$

③ 　純度の高いものは**半導体**として活用される(同族の**Ge**も**半導体**として有名!!)。

RUB OUT ③ 炭素Cを含む化合物

> CO_2 の実験室的製法については **Theme 28** を参照‼

(i) **二酸化炭素 CO_2**

工業的製法 〈実験室でも無理‼〉

石灰石を焼く(強熱する)‼

$$CaCO_3 \longrightarrow CaO + CO_2 \uparrow$$

〈炭酸水です〉

❶ 無色・無臭の気体で，水にわずかに溶け**弱酸性**を示す。

❷ 加圧することにより，固体にしたものが**ドライアイス**である。冷却剤として有名‼

❸ 石灰水に CO_2 を吹き込むと**白濁**する。さらに CO_2 を吹き込むと**透明**になる。

〈白濁の原因〉

$$Ca(OH)_2 + CO_2 \longrightarrow CaCO_3 \downarrow + H_2O$$

炭酸カルシウム
（白い沈殿）

さらに CO_2 を吹き込むと…

$$CaCO_3 + \underbrace{CO_2 + H_2O}_{H_2CO_3} \longrightarrow Ca(HCO_3)_2$$

炭酸水素カルシウム

(ii) **一酸化炭素 CO**

> CO の実験室的製法については **Theme 28** を参照‼

工業的製法

赤熱したコークスに水蒸気を作用させる‼

$$C + H_2O \longrightarrow CO + H_2$$

コークス

無色・無臭の**毒性**の強い気体

〈一酸化炭素中毒とか聞いたことない？〉

RUB OUT 4 ケイ素Siを含む化合物

(i) **二酸化ケイ素SiO₂**

❶ 水晶や石英のことです。ダイヤモンドに似た構造をもち，融点が高く，硬い結晶である。

❷ 化学的に安定であるが，**フッ化水素HF**により腐食される。

❸ コークスを混ぜて強熱すると，**炭化ケイ素SiC**が生じる。

$$SiO_2 + 3C \longrightarrow SiC + 2CO$$
コークス

❹ 塩基には徐々に侵され，**ケイ酸塩**を生成する。

☞ 二酸化ケイ素を，炭酸ナトリウムとともに加熱したときの化学反応式は？

$$SiO_2 + Na_2CO_3 \longrightarrow Na_2SiO_3 + CO_2$$

> SiとCが入れかわるだけ!!

(ii) **ケイ酸ナトリウムNa₂SiO₃**

水といっしょに熱すると，濃厚な水飴状の透明な液体となり，これを**水ガラス**と呼ぶ。

(iii) **ケイ酸SiO₂·nH₂O**

半透明で，熱水にわずかに溶ける。**弱酸**である。

かの有名な乾燥剤**シリカゲル**の原料である。$n = 1$のときはH_2SiO_3(メタケイ酸)，$n = 2$のときはH_4SiO_4(オルトケイ酸)を表している。

―― プロフィール ――

桃太郎(伝説を呼ぶ鬼才!!)

性格が穏やかなモカブラウンのシマシマ猫，おなじみ**オムちゃん**の飼い猫です。品種はスコティッシュフォールドです。

ケイ素を中心にいきま～す‼

問題37 **ちょいムズ**

次の文の①～⑫の空欄に適当な語句，数字または化学式を記し，あとの各問いに答えよ。

炭素と同じく元素の周期表の ① 族に属するケイ素は，地殻中に ② に次いで多く含まれる元素である。炭素の(a)同素体の1つに ③ があるが，ケイ素の単体も ③ と同じ構造をとり， ④ 結合の結晶である。ケイ素の単体は天然には存在しないが，酸化物をコークスで還元すると得られ， ⑤ 素子や太陽電池の材料として工業的に有用である。炭素の酸化物が気体となるのに対し，ケイ素の酸化物は組成式こそ ⑥ と書けるものの，高い融点をもつ固体である。これは，この酸化物において，酸素原子がケイ素原子の周囲を ⑦ 面体状に取り囲み，その多面体が酸素原子を共有して多数つながった無機高分子化合物だからである。

無定形のケイ素酸化物は石英ガラスと呼ばれ，それを繊維化した ⑧ は胃カメラや光通信に用いられる。ケイ素酸化物は一般に酸とは反応しないが，(b) ⑨ 酸とは特異的に反応する。一方，(c)塩基とともに加熱すると ⑩ になる。これに酸を加え，得られる沈殿を加熱脱水したものが乾燥剤として有名な ⑪ である。天然の各種の ⑩ や石英が主成分の原料から，信楽焼（しがらき）などの ⑫ やセメント，ガラスなどがつくられる。

(1) 下線(a)の同素体の例を，炭素以外に3組あげよ。

(2) 下線(b)の反応の反応式を書け。

(3) 下線(c)の塩基に，炭酸ナトリウムを用いたときの反応式を書け。

ダイナミックポイント‼

本問で初めて登場する用語もありますが，この機会にしっかり押さえておいてください。特に⑧や⑫が一般常識的な用語です。最近，このような出題がよくありますよ。

あと，ダイヤモンド，ケイ素の単体，二酸化ケイ素（SiO_2）は，すべて**正四面体構造**を単位とする**共有結合**の結晶であることも押さえておくべし‼

230

ダイヤモンドとケイ素の単体	二酸化ケイ素（SiO₂）

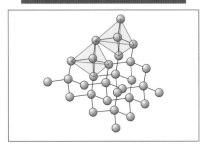

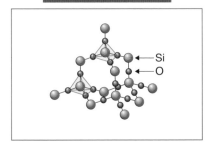

← Si
← O

◁解答でござる▷

　炭素と同じく元素の周期表の①14族に属するケイ素は，地殻中に②酸素に次いで多く含まれる元素である。炭素の同素体の1つに③ダイヤモンドがあるが，ケイ素の単体も③ダイヤモンドと同じ構造をとり，④共有結合の結晶である。ケイ素の単体は天然には存在しないが，酸化物をコークスで還元すると得られ，⑤半導体素子や太陽電池の材料として工業的に有用である。炭素の酸化物が気体となるのに対し，ケイ素の酸化物は組成式こそ⑥SiO₂と書けるものの，高い融点をもつ固体である。これは，この酸化物において，酸素原子がケイ素原子の周囲を⑦正四面体状に取り囲み，その多面体が酸素原子を共有して多数つながった無機高分子化合物だからである。

　無定形のケイ素酸化物は石英ガラスと呼ばれ，それを繊維化した⑧光ファイバーは胃カメラや光通信に用いられる。ケイ素酸化物は一般に酸とは反応しないが，⑨フッ化水素酸とは特異的に反応する。一方，塩基とともに加熱すると⑩ケイ酸塩になる。これに酸を加え，得られる沈殿を加熱脱水したものが乾燥剤として有名な⑪シリカゲルである。天然の各種の⑩ケイ酸塩や石英が主成分の原料から，信楽焼（しがらき）などの⑫陶磁器やセメント，ガラスなどがつくられる。

② p.226参照!! O Si Al Feの順でしたね（おっしゃって）!!
③．④．⑦ ダイナミックポイント!! 参照!!
⑤ ケイ素が出てくると半導体の語彙が出てくること多し!!
⑨ ハロゲンのところでやりました!! p.217参照!! HFはガラスを腐食する!!
⑩ SiO₂＋塩基 → ケイ酸塩です!! p.228参照!!
⑪ ケイ素がらみの乾燥剤と言えばシリカゲル!!

(1)　**酸素**と**オゾン**  O₂とO₃です!!

　　赤リンと**黄リン**

　　斜方硫黄と**単斜硫黄**と**ゴム状硫黄**

　の以上3組

同素体については、p.15参照!!

(2)　$SiO_2 + 6HF \longrightarrow H_2SiF_6 + 2H_2O$

　　　　　　　　　　ヘキサフルオロケイ酸

p.217参照!! HF が気体のときは反応式も変わるぞ!!

(3)　$SiO_2 + Na_2CO_3 \longrightarrow Na_2SiO_3 + CO_2$

　　　CHANGE!!

p.228参照!! Si と C が入れかわるだけでーす♥

┌─ **プロフィール** ─────────────

　　虎次郎（不動のセンター!!）

　　桃太郎よりもひとまわり小さいキャラメル色のシマシマ猫。運動神経抜群のアスリート猫です。しかしやや臆病な性格…。虎次郎もオムちゃんの飼い猫です。

アルカリ金属じゃないよ!!　H Li Na K Rb Cs Fr ── フランシウム ── セシウム ── ルビジウム

RUB OUT 1 　アルカリ金属共通の性質

① 1個の価電子を放って**1価の陽イオン**になりやすい。

　例　$Na \longrightarrow Na^+ + e^-$

② 常温で，水と激しく反応して**水素**を発生する。

　例　$2Na + 2H_2O \longrightarrow 2NaOH + H_2 \uparrow$

③ **炎色反応**を示すので，検出に利用。(Theme 29 の RUB OUT 3 参照!!)

④ 銀白色で軟らかく，軽い金属である。空気中で直ちに酸化されるので，石油中に保存する。

RUB OUT 2 　ナトリウム Na を含む化合物

(i) **水酸化ナトリウム NaOH**

① 白色の固体。水に溶けて**強い塩基性**を示す。

② 空気中の水蒸気を吸収して固体の表面が湿ってくる。この現象を**潮解**（ちょうかい）と呼ぶ。

(ii) **炭酸ナトリウム Na₂CO₃**

① 白色の粉末。水溶液を放置すると，**十水和物** $Na_2CO_3 \cdot 10H_2O$ が結晶として析出する。この結晶を空気中に放置すると，水和水の一部を失い，白色粉末の**一水和物** $Na_2CO_3 \cdot H_2O$ となる。この現象を**風解**（ふうかい）と呼ぶ。

② 酸と反応して**二酸化炭素**を発生する。

　例　$Na_2CO_3 + 2HCl \longrightarrow 2NaCl + H_2O + CO_2 \uparrow$

　☞　Na_2CO_3 は正塩です!!

『化学基礎』Theme 24 を見よ!!

(iii) **炭酸水素ナトリウム NaHCO$_3$**

❶ 熱分解して二酸化炭素を生じる。つまり，発泡性をもつ。

$$2NaHCO_3 \longrightarrow Na_2CO_3 + H_2O + CO_2\uparrow$$

❷ 酸と反応して**二酸化炭素**を発生する。

例 $NaHCO_3 + HCl \longrightarrow NaCl + H_2O + CO_2\uparrow$

☞ $NaHCO_3$は酸性塩です!!（『化学基礎』24 参照!!）

RUB OUT 3 アンモニアソーダ法

炭酸ナトリウム Na_2CO_3 の工業的製法を**アンモニアソーダ法（ソルベー法）**と呼びます。

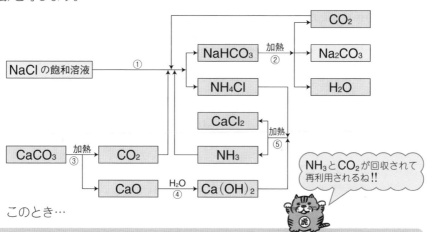

このとき…

① $NaCl + H_2O + CO_2 + NH_3 \longrightarrow NaHCO_3 + NH_4Cl$

② $2NaHCO_3 \xrightarrow{加熱} \underset{主役}{Na_2CO_3} + CO_2 + H_2O$

③ $CaCO_3 \xrightarrow{加熱} CaO + CO_2$

④ $CaO + H_2O \longrightarrow Ca(OH)_2$

⑤ $2NH_4Cl + Ca(OH)_2 \xrightarrow{加熱} 2NH_3 + 2H_2O + CaCl_2$

①×2＋②＋③＋④＋⑤より，アンモニアソーダ法全体の反応式は…

$$2NaCl + CaCO_3 \longrightarrow \underset{主役}{Na_2CO_3} + CaCl_2$$

となります。

ではでは，アンモニアソーダ法（ソルベー法）についての問題を‼

問題38 — 標準

次の文を読んで，あとの各問いに答えよ。必要があれば，次の数値を用いよ。

$C = 12.0$, $Ca = 40.0$, $Cl = 35.5$, $H = 1.0$, $Na = 23.0$, $O = 16.0$

アンモニアソーダ法は，石灰石と塩化ナトリウムから炭酸ナトリウムを工業的につくる方法であり，製造過程における反応を以下に示す。

① 塩化ナトリウムの飽和水溶液にアンモニアを十分に吹き込み，その後に二酸化炭素を通じると，炭酸水素ナトリウムが沈殿する。

② 沈殿した炭酸水素ナトリウムを分離後加熱して，炭酸ナトリウムを得る。

③ ①の反応に用いる二酸化炭素は石灰石を熱分解してつくる。②で生成する二酸化炭素も反応に利用する。

④ ③で生成した酸化カルシウムから水酸化カルシウムをつくる。

⑤ 水酸化カルシウムを①で生成した塩化アンモニウムと反応させ，アンモニアを回収する。

(1) ①〜⑤の反応式を書け。

(2) ①〜⑤までの反応をまとめると，1つの反応式となる。この反応式を書け。

(3) ②の反応で炭酸水素ナトリウム$840kg$から生成する炭酸ナトリウムは何kgか。

(4) ①で用いられるアンモニアは，現在は別の方法で合成されたものが使用されていて⑤のアンモニアの回収操作は行われていない。$530kg$の無水炭酸ナトリウムをつくるのに必要なアンモニアは，標準状態で何Lになるか。有効数字3桁で答えよ。

ダイナミックポイント‼

(1)と(2)は，前ページ参照‼ アンモニアソーダ法（ソルベー法）の問題は頻出なのですよ。

(3) ②の反応式が書ければ大丈夫です‼

(4) ⑤で生じたアンモニアNH_3が回収操作されないということは，リサイクルされないということです。つまり，①で吹き込まれたアンモニアNH_3のモル数が求まれば万事解決‼

◇解答でござる◇

(1)① $NaCl + NH_3 + CO_2 + H_2O$
$\longrightarrow NaHCO_3 + NH_4Cl$

② $2NaHCO_3 \longrightarrow Na_2CO_3 + H_2O + CO_2$

③ $CaCO_3 \longrightarrow CaO + CO_2$

④ $CaO + H_2O \longrightarrow Ca(OH)_2$

⑤ $2NH_4Cl + Ca(OH)_2 \longrightarrow$
$2NH_3 + CaCl_2 + 2H_2O$

> 反応式については
> p.233参照‼
> NH_3とCO_2がくり
> 返し登場するから,
> 「アンモニアソーダ
> 法」です‼ CO_2を
> 水に溶かすとソーダ
> 水です。

> いらない部分が消去
> されていくよ‼

(2) ①×2＋②＋③＋④＋⑤より,

$2NaCl + 2NH_3 + 2CO_2 + 2H_2O \longrightarrow 2NaHCO_3 + 2NH_4Cl$ ← ①×2

$2NaHCO_3 \longrightarrow Na_2CO_3 + H_2O + CO_2$ ← ②

$CaCO_3 \longrightarrow CaO + CO_2$ ← ③

$CaO + H_2O \longrightarrow Ca(OH)_2$ ← ④

＋) $2NH_4Cl + Ca(OH)_2 \longrightarrow 2NH_3 + CaCl_2 + 2H_2O$ ← ⑤

$2NaCl + CaCO_3 \longrightarrow Na_2CO_3 + CaCl_2$

> 結果は覚えておいたほうが
> 得策です‼

> これを求めておかな
> きゃ話にならない
> ぜーっ‼

(3) 式量は,

$NaHCO_3 = 23 + 1.0 + 12 + 16 \times 3 = 84$

$Na_2CO_3 = 23 \times 2 + 12 + 16 \times 3 = 106$

となる。

さらに②から,

$2NaHCO_3 \longrightarrow 1Na_2CO_3 + H_2O + CO_2$ ← 係数に注目せよ‼

$2mol$の$NaHCO_3$から, $1mol$のNa_2CO_3が生成
する。

◇つまーり‼◇

生成するNa_2CO_3の物質量（モル数）は，反応する

$NaHCO_3$の物質量（モル数）の$\dfrac{1}{2}$である。◀

> 反応する $\left(\begin{matrix}NaHCO_3\\ のモル数\end{matrix}\right)$: $\left(\begin{matrix}生成する\\ Na_2CO_3\\ のモル数\end{matrix}\right)$ = 2 : 1

◎　ここで，反応した$NaHCO_3$の質量が840kg
であるから，反応した$NaHCO_3$の物質量（モル数）
は，

$$\dfrac{840 \times 1000}{84} \text{(mol)} \blacktriangleleft$$

> 単位を[kg]を[g]に直す!!
> 1kg = 1000gです。

◎　このとき，生成したNa_2CO_3の物質量（モル数）は，

$$\dfrac{840 \times 1000}{84} \times \dfrac{1}{2} \text{(mol)} \blacktriangleleft$$

> 生成したNa_2CO_3のモル数は反応した$NaHCO_3$のモル数の$\dfrac{1}{2}$です!!

◎　よって，生成したNa_2CO_3の質量は，

モル数
$$\boxed{\dfrac{840 \times 1000}{84} \times \dfrac{1}{2}} \times 106 \text{(g)} \blacktriangleleft$$

> モル数×式量です!!

◎　単位を[kg]に直して，

$$\dfrac{840 \times 1000}{84} \times \dfrac{1}{2} \times 106 \times \dfrac{1}{1000}$$

> ÷1000をすれば単位は[g]から[kg]に変化する!!

$$= 530 \text{(kg)} \cdots \text{(答)}$$

ちょっと言わせて

先ほどの最後の式を見て気づきませんか??

$$\dfrac{840 \times 1000}{84} \times \dfrac{1}{2} \times 106 \times \dfrac{1}{1000}$$

そーです!!　ちょっと**ムダ**なことをしてみたい
ですね

そこで!!　計算力のあるヤツは次のように解いてくれ!!

$$\dfrac{840}{84} \times \dfrac{1}{2} \times 106 = 530 \text{(kg)}$$

> Na_2CO_3 = 106です!!

> どうせ，あとで単位を[kg]に戻すのだから840×1000(g)とせず840(kg)のまんま活用する!!

> 反応する$NaHCO_3$のモル数の$\dfrac{1}{2}$が生成するNa_2CO_3のモル数でしたね!!

> せっかく1000倍したのに1000で割ってる!!

> ムダ…

(4)　⑤で生成するNH_3の存在は無視してよいので，①で用いるNH_3と，②で生成するNa_2CO_3にだけ注目すればよい。

> ①と②でかぶっている$NaHCO_3$を消去します。

そこで，①×2＋②より，

$$2NaCl + 2NH_3 + 2CO_2 + 2H_2O \longrightarrow 2NaHCO_3 + 2NH_4Cl \qquad ①×2$$

$$+)\ 2NaHCO_3 \qquad\qquad\qquad \longrightarrow Na_2CO_3 + H_2O + CO_2 \qquad ②$$

> 両辺のCO_2とH_2Oは，左辺にまとめました!!

$$2NaCl + 2NH_3 + CO_2 + H_2O \longrightarrow Na_2CO_3 + 2NH_4Cl$$

係数に注目して

> 係数に注目だぞ!!

必要なNH_3の物質量（モル数）：生成するNa_2CO_3の物質量（モル数）

$$= 2 : 1$$

つまり，必要なNH_3の物質量（モル数）は生成するNa_2CO_3の物質量（モル数）の**2倍**である。

◎　一方，生成するNa_2CO_3の物質量（モル数）は，

$$\dfrac{530 \times 1000}{106} \text{(mol)}$$

> 530(kg)
> $= 530 \times 1000\text{(g)}$

◎　よって，必要なNH_3の物質量（モル数）は，

$$\dfrac{530 \times 1000}{106} \times 2 \text{(mol)}$$

> 必要なNH_3のモル数は生成するNa_2CO_3のモル数の2倍です!!

◎　つまり，必要なNH_3の標準状態の体積は，

$$\dfrac{530 \times 1000}{106} \times 2 \times 22.4$$

> 標準状態における気体の体積は，気体の種類によらず**22.4L**でしたね。

$$= 10000 \times 22.4$$

> 22.4×10^4
> $= 2.24 \times 10 \times 10^4$
> $= 2.24 \times 10^5$

$$= \underline{2.24 \times 10^5 \text{(L)}} \quad \cdots（答）$$

238

Be Mg Ca Sr Ba Ra
ストロンチウム ラジウム

RUB OUT 1 アルカリ土類金属

2族元素Be，Mg，Ca，Sr，Ba，Raの6元素を**アルカリ土類金属**と呼ぶ。Ca，Sr，Ba，Raが水に溶けて**塩基性**を示すのに対し，Be，Mgはほとんど水に溶けない。また，Ca，Sr，Ba，Raが**炎色反応**を示すのに対し，Be，Mgは示さない。

炎色反応については Theme 28 の RUB OUT 3 を参照!!

RUB OUT 2 カルシウムCaを含む化合物

(i) **炭酸カルシウム$CaCO_3$**

❶ 石灰石や大理石の主成分である。

❷ 塩酸と反応して**二酸化炭素**を発生する。

$$CaCO_3 + 2HCl \longrightarrow CaCl_2 + H_2O + CO_2 \uparrow$$

$$\left(\begin{array}{l}ちなみに\cdots \\ Na_2CO_3 + 2HCl \longrightarrow 2NaCl + H_2O + CO_2 \uparrow\end{array}\right)$$

☞ $CaCO_3$やNa_2CO_3は正塩（『化学基礎』 Theme 24 参照!!）

水に溶けると塩基性なので，酸と反応するだけのことさ…。

❸ 強熱すると，**二酸化炭素**を発生する。

$$CaCO_3 \longrightarrow CaO + CO_2 \uparrow \quad 酸化カルシウム$$

(ii) **酸化カルシウムCaO**

水と反応する!!

$$CaO + H_2O \longrightarrow Ca(OH)_2$$

(iii)　**水酸化カルシウム Ca(OH)₂**

有名すぎるぜーっ!!

❶　水に溶け，水溶液は**強い塩基性**を示す。

❷　水酸化カルシウム水溶液(石灰水)に二酸化炭素 CO_2 を吹き込むと，白濁する(白い沈殿が生じる)。

$$Ca(OH)_2 + CO_2 \longrightarrow CaCO_3 \downarrow + H_2O$$

❸　❷で，さらに二酸化炭素を吹き込むと透明の溶液となる。

$$CaCO_3 + CO_2 + H_2O \longrightarrow Ca(HCO_3)_2$$

溶けてしまう!!

Theme **33** の RUB OUT **3** で登場したよ!!

❹　水酸化カルシウムに塩素を作用させると**さらし粉**ができる。

$$Ca(OH)_2 + Cl_2 \longrightarrow CaCl(ClO) \cdot H_2O$$

参考

さらし粉にHClを加えると塩素Cl₂が生じる!!

$$CaCl(ClO) \cdot H_2O + 2HCl \longrightarrow CaCl_2 + 2H_2O + Cl_2 \uparrow$$

これは塩素 Cl_2 の実験室的製法のひとつです。参考書によって載っていたり載ってなかったりするので，ここでは補足事項として扱います。

(iv)　**塩化カルシウム CaCl₂**　Theme **28** の RUB OUT **6** を参照!!

無水物は吸湿性が強く，**乾燥剤**に利用される。

アルカリ金属とアルカリ土類金属について…

問題39　標準

次の(ア)〜(ク)の中から誤りのあるものをすべて選べ。

(ア)　1族の元素はすべてアルカリ金属である。

(イ)　2族の元素はすべてアルカリ土類金属である。

(ウ)　アルカリ金属の原子は，ふつう電子を1個放出して陽イオンになる。

(エ)　アルカリ土類金属の原子は，ふつう2価の陽イオンになる。

(オ)　アルカリ土類金属は同じ周期のアルカリ金属より陽イオンになりやすい。

(カ)　アルカリ金属，アルカリ土類金属の単体を得るには，化合物を融解塩電解する方法が用いられる。

(キ)　アルカリ金属，アルカリ土類金属はすべて炎色反応を示す。

(ク)　アルカリ土類金属の炭酸塩は水に難溶だが，硫酸塩は水に易溶である。

240

ダイナミックポイント!!

(ア) 誤り!!　1族の中でHはアルカリ金属ではない!!

(イ) 正しい!!　2族元素はアルカリ土類金属である!!

(ウ) 正しい!!　価電子数が1個なので，これを放出して1価の陽イオンになる!!

(エ) 正しい!!　価電子数が2個なので，これを放出して2価の陽イオンになる!!

(オ) 誤り!!　周期表で左下になるにつれて陽性が強くなる。アルカリ金属はアルカリ土類金属より左側にあるので，同じ周期ではアルカリ金属のほうが陽性が強い。つまり，陽イオンになりやすい!!

(カ) 正しい!!　アルカリ金属，アルカリ土類金属ともに通常の塩の電気分解では得られない!!（イオン化傾向が大きすぎるもんで）　よって，**融解塩電解**が用いられる。詳しくは，『化学［理論化学編］』  参照!!

(キ) 誤り!!　Be，Mgは炎色反応を示しません。

(ク) 誤り!!　参照!!　$CaSO_4$，$BaSO_4$が沈殿することを思い出そう!!

解答でござる　(ア)，(オ)，(キ)，(ク)

両性金属Zn　Al　Sn　Pb

どんな参考書でもAl、Zn、Sn、Pbの順になってますが、僕はあえて
Zn、Al、Sn、Pb!! このほうがp.209の ザ・まとめ が覚えやすい!!

RUB OUT 1　アルミニウムAl

❶ **両性金属**であるので、単体や酸化物は、酸とも塩基とも反応します。

　　例1 塩酸を加える!!

　　$2Al + 6HCl \longrightarrow 2AlCl_3 + 3H_2$

　　例2 水酸化ナトリウム水溶液を加える!!

　　$2Al + 2NaOH + 6H_2O \longrightarrow 2Na[Al(OH)_4] + 3H_2$

　　　　　　　　　　　　　　　　　　テトラヒドロキシド
　　　　　　　　　　　　　　　　　　アルミン酸ナトリウム

とにかく**AlCl₃**と**Na[Al(OH)₄]**が生じることを押さえておいて!!
これから、やたらとこのパターンが登場します。

❷ 濃HNO_3、熱濃H_2SO_4には**不動態**をつくり、溶けない。

RUB OUT 2　アルミニウムAlを含む化合物

(i) **酸化アルミニウムAl₂O₃**

❶ **アルミナ**とも呼ばれる。

❷ アルミニウム単体を熱する(燃焼させる)ことにより得られる。

　　$4Al + 3O_2 \longrightarrow 2Al_2O_3$

❸ 酸とも塩基とも反応する**両性酸化物**である。

　　例1 塩酸を加える!!

　　$Al_2O_3 + 6HCl \longrightarrow 2AlCl_3 + 3H_2O$

例2 水酸化ナトリウム水溶液を加える!!

$$Al_2O_3 + 2NaOH + 3H_2O \longrightarrow 2Na[Al(OH)_4]$$

(ii) **水酸化アルミニウム Al(OH)$_3$**

テトラヒドロキシド
アルミン酸ナトリウム

① アルミニウムの単体を高温の水蒸気と反応させることにより得られる。

$$2Al + 6H_2O \longrightarrow 2Al(OH)_3 + 3H_2$$

② 酸とも塩基とも反応する**両性水酸化物**である。

またですかァーっ!!

例1 塩酸を加える!!

$$Al(OH)_3 + 3HCl \longrightarrow AlCl_3 + 3H_2O$$

例2 水酸化ナトリウム水溶液を加える!!

$$Al(OH)_3 + NaOH \longrightarrow Na[Al(OH)_4]$$

またまた $AlCl_3$ と $Na[Al(OH)_4]$ ですね!!

RUB OUT ③ アルミニウムの精錬

金属化合物から金属の単体を取り出すことです!!

アルミニウム **Al** の単体は**ボーキサイト Al$_2$O$_3$・nH$_2$O** を融解塩電解して得られる。流れは次のとおり!!

① 原料の**ボーキサイト**から**アルミナ Al$_2$O$_3$** を得る。

② 融点を下げるために**氷晶石 Na$_3$AlF$_6$** を加えて，**アルミナ Al$_2$O$_3$** を融解する。

水はありませんよ!!

ここまで覚えるあんたはエライ!!

③ 融解塩を**電気分解**する。

陰極 $Al^{3+} + 3e^- \longrightarrow Al$ ─ GET!!

陽極 $\begin{cases} C + O^{2-} \longrightarrow CO + 2e^- \\ C + 2O^{2-} \longrightarrow CO_2 + 4e^- \end{cases}$

両方起こります!!

RUB OUT 4　テルミット反応

アルミニウムの粉末と**酸化鉄（Ⅲ）Fe_2O_3**の粉末の混合物を反応させると，3000℃以上の高温を出して酸化還元反応が行われる。

$$2Al + Fe_2O_3 \longrightarrow 2Fe + Al_2O_3$$
アルミナ

RUB OUT 5　亜鉛 Zn

Al と同様，両性金属であるため，反応性も Al と似ている。

例1　塩酸を加える。

$$Zn + 2HCl \longrightarrow ZnCl_2 + H_2$$

例2　水酸化ナトリウムを加える。

$$Zn + 2NaOH + 2H_2O \longrightarrow Na_2[Zn(OH)_4] + H_2$$
テトラヒドロキシド
亜鉛（Ⅱ）酸ナトリウム

なるほど，$ZnCl_2$ と $Na_2[Zn(OH)_4]$ が生じるわけか…
Al のときと同じだね!!

RUB OUT 6　亜鉛 Zn を含む化合物

(ⅰ)　**酸化亜鉛 ZnO**

❶　亜鉛の単体を空気中で熱すると得られる。

$$2Zn + O_2 \longrightarrow 2ZnO$$ 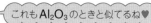 これも Al_2O_3 のときと似てるね♥

❷　これもまた**両性酸化物**だから，Al_2O_3 のときと反応が似てますよ!!

例1　塩酸を加える。

$$ZnO + 2HCl \longrightarrow ZnCl_2 + H_2O$$

例2　水酸化ナトリウム水溶液を加える。

$$ZnO + 2NaOH + H_2O \longrightarrow Na_2[Zn(OH)_4]$$
テトラヒドロキシド亜鉛（Ⅱ）酸ナトリウム

(ii) **水酸化亜鉛 Zn(OH)₂**

これもまた**両性水酸化物**だから，Al(OH)₃のときと反応が似てますよ‼

例1 塩酸を加える。

$$Zn(OH)_2 + 2HCl \longrightarrow ZnCl_2 + 2H_2O$$

例2 水酸化ナトリウム水溶液を加える。

$$Zn(OH)_2 + 2NaOH \longrightarrow Na_2[Zn(OH)_4]$$

やはり ZnCl₂ と Na₂[Zn(OH)₄] が生成します。
このようなポイントをしっかり押さえよう‼

問題40 標準

　アルミニウムの精錬には，右の図のように，電解炉でアルミナに氷晶石を加えて融解し，炭素を電極として電気分解してつくる方法がある。これについて，次の各問いに答えよ。

(1) アルミナの化学式を記せ。

(2) 氷晶石を加える理由を答えよ。

(3) アルミニウム単体が得られるのは陽極・陰極のどちらか。

導電棒 → ⊕ ⊕ ⊕ ⊕　原料（アルミナ）
炭素陽極
融解したアルミナ＋氷晶石
融解アルミニウム
炭素陰極
取り出し口
⊖ → 導電棒

解答でござる

(1) **Al₂O₃**

RUB OUT 3
を参照せよ‼

(2) **融点を下げるため**

(3) **陰極**

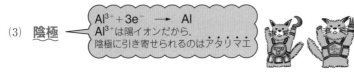

$$Al^{3+} + 3e^- \longrightarrow Al$$
Al³⁺は陽イオンだから，
陰極に引き寄せられるのはアタリマエ

Theme 37　12族の代表はHg!!

HG（ハイグレード）…??

RUB OUT 1　水銀Hgの性質

周期表の中で，常温で液体といえば，HgとBrの2つのみだったね!!

❶　常温で唯一**液体**である金属。

❷　常温では酸化されないが，高温で酸化されて，**酸化水銀（Ⅱ）HgO**を生じる。さらに加熱し，400℃以上にすると，反応が逆行し，酸素と**水銀の蒸気**となる。

高温で… 　$2Hg + O_2 \longrightarrow 2HgO$ 　逆行だぁーっ!!

さらに高温で… 　$2HgO \longrightarrow 2Hg + O_2$

❸　通常の酸には**溶けない**。しかし，**熱濃硫酸**や**硝酸**などの**酸化**作用のある酸には**溶ける**。

　**思い出そう!!**

p.196で学習したぞ!!
CuやAgも同じ性質あり!!

$Hg + 熱濃硫酸 \longrightarrow$　Hgが溶けて気体**SO_2**が発生
$Hg + 濃硝酸 \longrightarrow$　Hgが溶けて気体**NO_2**が発生
$Hg + 希硝酸 \longrightarrow$　Hgが溶けて気体**NO**が発生

❹　他の金属を溶かし込んで合金をつくりやすい。この水銀の合金を**アマルガム**と呼ぶ。

RUB OUT 2　水銀Hgの化合物

❶　**塩化水銀（Ⅱ）$HgCl_2$**
　　白色の結晶で，水に溶けやすい。**猛毒**である!!

❷　**塩化水銀（Ⅰ）Hg_2Cl_2**
　　白色の粉末で，水に溶けにくい。**無毒**である!!

猛毒…

❸ 硫化水銀（Ⅱ）HgS

もともとは**黒色沈殿**として得られるが，昇華させて**赤色顔料**として用いる。

朱肉とかです‼

補足コ〜ナ〜

Hgがらみの沈殿関係のお話は[Theme 29]でチラホラと登場します。ゴロ合わせもあるので，[Theme 29]で覚えたほうが効率がよい♥

しっかり整理して覚えようぜーっ‼

Theme 38　遷移元素の超有名人!!　8族代表の鉄!!

RUB OUT 1　鉄Fe

① **展性**・**延性**に富み，加工しやすい。

② 強い**磁性**をもつ。

③ 濃硝酸には**不動態**をつくり，溶けない(p.224参照!!)。

④ 常温では，水と反応しないが，赤熱状態で水蒸気を分解する。

$$3Fe + 4H_2O \longrightarrow Fe_3O_4 + 4H_2 \quad \text{四酸化三鉄}$$

⑤ 常温でも，湿った空気中では酸化される。

$$4Fe + 3O_2 \longrightarrow 2Fe_2O_3 \quad \text{酸化鉄(Ⅲ)}$$

いわゆる**赤さび**です!!

⑥ 高温で空気酸化される場合…

$$3Fe + 2O_2 \longrightarrow Fe_3O_4$$

いわゆる**黒さび**です!!

RUB OUT 2　鉄の精錬

自然界において鉄Feは，酸化物として存在している場合が多い。

そこで!!

Oがほしいよーっ!!　CO_2になりたいよーっ!!

鉄の酸化物から一酸化炭素COによってOを奪い取り，鉄の単体を得ようというわけだ

この作業を行うためには，右図のような**溶鉱炉**が必要である。

鉄の酸化物が赤鉄鉱Fe_2O_3の場合…溶鉱炉でコークスを燃焼することから物語は始まる…。

① $$\underset{\text{コークス}}{C} + O_2 \longrightarrow CO_2$$

コークスの燃焼!!

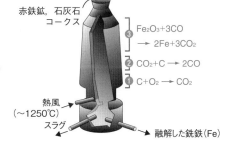

赤鉄鉱，石灰石
コークス

③ $Fe_2O_3 + 3CO$
　$\longrightarrow 2Fe + 3CO_2$

② $CO_2 + C \longrightarrow 2CO$

① $C + O_2 \longrightarrow CO_2$

熱風
(～1250℃)

スラグ

融解した銑鉄(Fe)

❷ $CO_2 + C \longrightarrow 2CO$ ← ここで!! CO_2からCOに!!

❸ $Fe_2O_3 + 3CO \longrightarrow 2Fe + 3CO_2$

COによりFe_2O_3からOを奪い取る(還元する!!)

　鉄を精錬するには，溶鉱炉の上部より鉄の鉱石を**コークス，石灰石**とともに入れ，下部から熱風を吹き込んで反応させる。鉱石は**コークス**や**コークス**が燃えてできた一酸化炭素COなどによって順次還元されて鉄が炉の下部にでき，その上に比重の軽い**スラグ**(鉱石に含まれていたSiO_2などの岩石です!!)が浮く。得られる鉄は**銑鉄**と呼ばれ，3〜4％の炭素を含んでいる。**銑鉄**のうち，鋳物に適するものは鋳鉄と呼ばれる。**銑鉄**に含まれる炭素を0.02〜2％に減らし，他の不純物を除いたものを鋼という。

RUB OUT ❸ 鉄Feを含む化合物(酸化物)

(i) **酸化鉄(Ⅲ)Fe_2O_3**

❶ **赤鉄鉱**の主成分である。

❷ 鉄を湿った空気中で放置すると得られる。

$$4Fe + 3O_2 \longrightarrow 2Fe_2O_3$$

❸ 水酸化鉄(Ⅲ)を焼くと得られる。

$$2Fe(OH)_3 \longrightarrow Fe_2O_3 + 3H_2O$$

(ii) **四酸化三鉄Fe_3O_4**

❶ **磁鉄鉱**の主成分である。

❷ 鉄を空気中で強熱すると得られる。

$$3Fe + 2O_2 \longrightarrow Fe_3O_4$$

強熱より激しいぞーっ!!

❸ 赤熱した鉄に水蒸気を作用すると得られる。

$$3Fe + 4H_2O \longrightarrow Fe_3O_4 + 4H_2$$

(iii) **酸化鉄(Ⅱ)FeO**

黒色粉末。それほど重要でない。

RUB OUT 4　その他のFeを含む化合物

(i) **硫酸鉄(Ⅱ)七水和物 $FeSO_4 \cdot 7H_2O$**

鉄を希硫酸に溶かし，水溶液を濃縮することにより得られる七水和物の**淡緑色**の結晶です。

(ii) **塩化鉄(Ⅲ)六水和物 $FeCl_3 \cdot 6H_2O$**

鉄を塩酸に溶かした後，塩素ガスを通した水溶液を濃縮することにより得られる六水和物の**黄褐色**の結晶で，**潮解性**あり!!

 潮解性といえば，NaOHがメジャーだったよ♥ p.232参照!!

RUB OUT 5　鉄イオンの反応

ここでは Theme 29 で扱わなかった 番外編的 なものを中心にまとめます!!

(i) **Fe^{3+} に対して…**

❶ ヘキサシアニド鉄(Ⅱ)酸カリウム水溶液を加える。

$K_4[Fe(CN)_6]$

K^+, CN^- の価数に注意すれば Fe^{2+} であることがわかるよ!!

濃青色沈殿が生じる!!

❷ ヘキサシアニド鉄(Ⅲ)酸カリウム水溶液を加える。

$K_3[Fe(CN)_6]$

K^+, CN^- の価数に注意すれば Fe^{3+} であることがわかるよ!!

褐色の溶液となる。

❸ チオシアン酸カリウム水溶液を加える。

 KSCN　**$[FeSCN]^{2+}$ の血赤色の溶液**となる。
チオシアン酸鉄(Ⅲ)イオン

❹ 水酸化ナトリウム水溶液またはアンモニア水を加える。

水酸化鉄(Ⅲ)の**赤褐色沈殿**が生じる。 Theme 29 でやったね!!

(ii) **Fe^{2+} に対して…**

❶ ヘキサシアニド鉄(II)酸カリウム水溶液を加える。

青白色沈殿が生じる。

❷ ヘキサシアニド鉄(III)酸カリウム水溶液を加える。

濃青色沈殿が生じる。

❸ チオシアン酸カリウム水溶液を加える。

反応しない!!

❹ 水酸化ナトリウム水溶液またはアンモニア水を加える。

$Fe(OH)_2$の緑白色沈殿が生じる。
水酸化鉄(II)

問題41 ── **標準**

次の文の①～⑧の空欄に適当な語句を入れよ。

鉄を希塩酸と反応させると，水素を発生しながら溶け ① を生成する。この水溶液は淡緑色を示し， ① の水溶液に塩素を通じると ② を生成し，黄褐色の水溶液になる。 ① の水溶液に水酸化ナトリウム水溶液を加えると，緑白色の ③ が沈殿する。この沈殿物は空気で容易に酸化され，赤褐色の ④ になる。 ② の水溶液にヘキサシアニド鉄(II)酸カリウム水溶液を加えると ⑤ 色の沈殿が生じ，チオシアン酸カリウム水溶液を加えると， ⑥ 色の溶液となる。また， ② の水溶液をアルカリ性にして硫化水素を吹き込むと，黒色の ⑦ が沈殿する。

一方， ① の水溶液にヘキサシアニド鉄(III)酸カリウム水溶液を加えると ⑧ 色の沈殿を生じる。

ダイナミックポイント!!

① $Fe + 2HCl \longrightarrow FeCl_2 + H_2 \uparrow$

①のあと塩素(酸化剤)が登場しているので①$\xrightarrow{\text{酸化}}$②となるはずである。つまり，最初の①の段階ではFe^{2+}がらみの化合物でないとおかしい!!

② 塩素Cl_2には酸化作用があります(p.215参照!!)。

つまり，Fe^{2+}が酸化されてFe^{3+}となるところがポイントです!!

$2FeCl_2 + Cl_2 \longrightarrow 2FeCl_3$

（Fe^{2+}）　　　（Fe^{3+}）

③ $FeCl_2 + 2NaOH \longrightarrow Fe(OH)_2 + 2NaCl$(前ページ参照!!)

④ $Fe^{2+} \xrightarrow{\text{酸化}} Fe^{3+}$ より，

$Fe(OH)_2 \xrightarrow{\text{酸化}} Fe(OH)_3$ となる。

（Fe^{2+}）（Fe^{3+}）

$Fe^{2+} \underset{\text{還元}}{\overset{\text{酸化}}{\rightleftarrows}} Fe^{3+}$のお話は多いぞ!!

⑤ Fe^{3+}＋ヘキサシアニド鉄(Ⅱ)酸カリウム $\longrightarrow$ 濃青色沈殿

（$FeCl_3$より）　　　（$K_4[Fe(CN)_6]$）

⑥ Fe^{3+}＋チオシアン酸カリウム $\longrightarrow$ 血赤色を呈する

（$FeCl_3$より）　　（KSCN）

p.249参照!!
沈殿じゃないことに注意!!

（$FeCl_3$）

Theme 29 参照!!

⑦ Fe^{3+}に塩基性条件下でH_2Sを作用させると，Fe_2S_3ではなくFeSの黒色沈殿が生じます。これは，H_2Sが還元剤として働くので，Fe^{3+}が還元されて，Fe^{2+}となるためである。

⑧ Fe^{2+}＋ヘキサシアニド鉄(Ⅲ)カリウム $\longrightarrow$ 濃青色沈殿

（$FeCl_2$より）　（$K_3[Fe(CN)_6]$）

前ページ参照!!
色だけ押さえといてね!!

 ザ・まとめ

Theme 29 以外のものを特にまとめておきました!!

$$\begin{cases} Fe^{3+} + \text{ヘキサシアニド鉄(II)酸カリウム} \end{cases}$$ ⟶ 濃青色沈殿

Fe^{2+} + ヘキサシアニド鉄(II)酸カリウム ⟶ 青白色沈殿

Fe^{3+} + ヘキサシアニド鉄(III)酸カリウム ⟶ 褐色の溶液

Fe^{2+} + ヘキサシアニド鉄(III)酸カリウム ⟶ 濃青色沈殿

Fe^{3+} + チオシアン酸カリウム ⟶ 血赤色の溶液

Fe^{2+} + チオシアン酸カリウム ⟶ 反応しない!!

解答でござる

① 塩化鉄(II) $FeCl_2$

② 塩化鉄(III) $FeCl_3$

③ 水酸化鉄(II) $Fe(OH)_2$

④ 水酸化鉄(III)

⑤ 濃青

⑥ 血赤

⑦ 硫化鉄(II) FeS

⑧ 濃青

Fe^{2+}とFe^{3+}の争いが舞台を盛り上げる!!

Theme 39　11族といえばオリンピックな遷移元素!!

Theme 28 & Theme 29 とかぶるお話も登場しますが，まあ復習ということで…。

RUB OUT 1　銅 Cu の性質

> 銅はいろいろやってくれますな…

❶ 物理的性質は…？

特有の色（赤色の金属光沢）をもち，**展性**と**延性**に富む。**熱伝導性**と**電気伝導性**については**銀**についで大きい。炎色反応は**青緑色**を示す。

> 炎色反応については p.210 を参照!!

❷ 空気中では…？

空気中で加熱すると**黒色**の **CuO**（**酸化銅（Ⅱ）**）に変化するが，高温（1000℃以上）では，**赤色**の **Cu₂O**（**酸化銅（Ⅰ）**）ができる。

> おおっ!!

$$\text{Cu} \xrightarrow{\text{加熱}} \text{CuO} \xrightarrow{\text{さらに加熱}} \text{Cu}_2\text{O}$$

黒色　　　　　　　　　　赤色

水蒸気（H_2O）と CO_2 を含む空気中に長時間放置すると，水酸化炭酸銅すなわち**緑青**を生じる。

> $CuCO_3 \cdot Cu(OH)_2$

❸ 酸との反応は…？

水素よりイオン化傾向が**小さい**ため，塩酸や希硫酸には**溶けない**。しかしながら，**熱濃硫酸**や**硝酸**などの**酸化**作用のある酸には**溶ける**。

> p.196 で学習したぜーっ!!

👀 思い出そう!!

$\text{Cu} + 熱濃 H_2SO_4 \longrightarrow$ Cu が溶けて気体 **SO₂** が発生

$\text{Cu} + 濃 HNO_3 \longrightarrow$ Cu が溶けて気体 **NO₂** が発生

$\text{Cu} + 希 HNO_3 \longrightarrow$ Cu が溶けて気体 **NO** が発生

254

RUB OUT 2 銅の製錬

純粋な銅をつくろうぜ〜っ!!

あらすじ

$CuFeS_2$（黄銅鉱）$\xrightarrow[\text{工程}]{\text{溶鉱炉}}$ Cu_2S $\xrightarrow[\text{工程}]{\text{転炉}}$ 粗銅 $\xrightarrow[\text{工程}]{\text{電解精錬}}$ 純銅

では，では，各工程を詳しく…

工程 溶鉱炉にて…

黄銅鉱 $CuFeS_2$ などの鉱石を粉砕し，コークス，石灰石，ケイ砂を加えて溶鉱炉で強熱する。この結果，**硫化銅（I）Cu_2S** が底にたまる。

$$4CuFeS_2 + 9O_2 \longrightarrow 2Cu_2S + 2Fe_2O_3 + 6SO_2$$

 赤字のところだけは押さえておこう!!

スラグ（ケイ酸塩）となって除去される!!

H_2SO_4 として回収されまーす。

工程 転炉に…

工程 で得られた**硫化銅（I）Cu_2S** を転炉で酸化して，**粗銅**（純度は98〜99%）を得る。

$$Cu_2S + O_2 \longrightarrow 2Cu + SO_2$$

工程 仕上げは電解精錬!!

陽極を**粗銅**板，陰極を**純銅**板にして，**硫酸銅（II）**水溶液を電気分解すると，**陰極**に純度**99.9%**以上の銅が析出する。これを銅の**電解精錬**という。

このとき，不純物として含まれる Cu よりイオン化傾向の**小さい** Ag や Au は陽イオンにならずに**陽極**の下に沈殿する。これを**陽極泥**と呼ぶ。Cu よりイオン化傾向の**大きい** Zn^{2+} や Fe^{3+} などは，陽イオンのまま水溶液中にとどまる。

詳しくは『化学［理論化学編］』Theme 33 にて!!

RUB OUT ③　銅の化合物といえば…

色を押さえておいて!!

硫酸銅(Ⅱ)五水和物$CuSO_4 \cdot 5H_2O$は**青色**の結晶で，加熱すると無水硫酸銅(Ⅱ)の**白色**の粉末になる。

$$CuSO_4 \cdot 5H_2O \xrightarrow{\text{加熱}} CuSO_4 + 5H_2O$$

青色結晶　　　　　　　　　　白色粉末

逆に，無水硫酸銅(Ⅱ)が水分を吸収すると，再び硫酸銅(Ⅱ)五水和物になる。色の変化が明白なので，水の検出に用いられる。

RUB OUT ④　Cu^{2+}の反応いろいろ

ほとんどが Theme 29 の復習だぞ～っ!!

❶　銅(Ⅱ)イオンCu^{2+}は水溶液中で**青色**を示す。

❷　Cu^{2+}に硫化水素を加えると，**硫化銅(Ⅱ)CuS**の黒色の沈殿が生じる。

❸　Cu^{2+}にアンモニア水を加えると，**水酸化銅(Ⅱ)$Cu(OH)_2$**の青白色の沈殿が生じ，過剰のアンモニア水を加えると，**テトラアンミン銅(Ⅱ)イオン$[Cu(NH_3)_4]^{2+}$**の深青色の溶液となる。　沈殿がなくなる。

❹　Cu^{2+}に強塩基の水溶液(水酸化ナトリウム水溶液など)を加えると，**水酸化銅(Ⅱ)$Cu(OH)_2$**の青白色の沈殿が生じ，過剰の強塩基の水溶液を加えても沈殿はそのまんま!!

次は銀Agのお話ですよ!!

銀もなかなかやってくれるぞ～っ!!

RUB OUT ⑤　銀Agの性質

❶　**物理的性質は…？**

全金属の中で最大の**熱伝導性**と**電気伝導性**をもち，**Au**に次いで大きい**展性**と**延性**をもつ。

❷ 酸との反応は…？

イオン化傾向が極めて**小さい**ため，化学的に安定で，通常の酸には**溶けない**。しかしながら，**熱濃硫酸**や**硝酸**などの**酸化**作用のある酸には**溶ける**。

p.253参照!! Cuと同じだね!!

思い出そう!!

$Ag + 熱濃 H_2SO_4 \longrightarrow$ Agが溶けて気体 SO_2 が発生

$Ag + 濃 HNO_3 \longrightarrow$ Agが溶けて気体 NO_2 が発生

$Ag + 希 HNO_3 \longrightarrow$ Agが溶けて気体 NO が発生

RUB OUT ❻ Ag^+ の反応いろいろ

❶ 銀イオン Ag^+ は水溶液中で**無色**である。

❷ Ag^+ に硫黄もしくは硫化水素を加えると**硫化銀 Ag_2S の黒色の沈殿**を生じる。

❸ Ag^+ にハロゲン化物イオン（ハロゲンのイオン）を作用させると**ハロゲン化銀**を生成する。このとき…

AgF	沈殿**しない**!!
AgCl	**白色**沈殿
AgBr	**淡黄色**沈殿
AgI	**黄色**沈殿

色は大切だよ!!

❹ Ag^+ にアンモニア水を加えると**酸化銀 Ag_2O の褐**色の沈殿が生じ，過剰のアンモニア水を加えると**ジアンミン銀（Ⅰ）イオン $[Ag(NH_3)_2]^+$** の無色の溶液となる。　　　　　沈殿がなくなる。

❺ Ag^+ に強塩基の水溶液（水酸化ナトリウム水溶液など）を加えると**酸化銀 Ag_2O** の褐色の沈殿が生じ，過剰の強塩基の水溶液を加えても沈殿はそのまんま!!

❻ Ag^+ にシアン化カリウム（KCN）水溶液を加えると，**ジシアニド銀（Ⅰ）酸イオン $[Ag(CN)_2]^-$** の**無色**の溶液となる。

❼　Ag^+にチオ硫酸ナトリウム($Na_2S_2O_3$)水溶液を加えると，**ビス（チオスルファト）銀（Ⅰ）酸イオン**$[Ag(S_2O_3)_2]^{3-}$の**無色**の溶液となる。

❻，❼はまあまあハイレベルなお話です‼
とりあえずあとまわしにして，最後に覚えてください‼
あと，銀の錯イオンはすべて無色であることも押さえておこう‼

RUB OUT 7　金Auのお話

金は高価なだけであまり覚える
ことはありませんよ〜♥

金属最大の**展性**と**延性**をもち，イオン化傾向は極めて小さく化学的に安定である。熱濃硫酸や硝酸などの酸化作用がある酸をもってしても溶けな〜い　しか〜し‼　濃硝酸と濃塩酸を**1：3**の割合で混合した**王水**には溶けます。

問題42　　標準

次の文の①〜⑧の空欄に適当な化学式，数値を入れよ。
周期表の　①　族に属する**Cu，Ag，Au**は，いずれも最外殻電子の数は　②　個である。いま，希硝酸に銅を加えると気体　③　が発生し，濃硝酸に銅を加えると赤褐色の気体　④　が発生した。また，空気中で銅を加熱すると黒色の酸化物　⑤　が得られた。　⑤　を希硫酸に溶解させたのち，その溶液を濃縮すると，青色の結晶の　⑥　が析出した。この　⑥　を取り出して加熱すると，白色粉末状の　⑦　が得られた。　⑦　を水に溶かし，過剰のアンモニア水を加えると，　⑧　で表される錯イオンが生じた。

ダイナミックポイント‼

②　銅のイオンには，Cu^+とCu^{2+}が存在します。銀のイオンにはAg^+が存在します。金のイオンは有名ではありません　よって無視‼　以上から，この連中は**1価の陽イオン**になる可能性が高いような気がしませんか？　つまり，最外殻電子の数（価電子数）は**1個**です。でたらめな説明ですが，攻略法としてはありですよね♥

③. ④

思い出そう!!

$$Cu + 熱濃 H_2SO_4 \longrightarrow SO_2 発生!!$$
$$Cu + 濃 HNO_3 \longrightarrow NO_2 発生!!$$
$$Cu + 希 HNO_3 \longrightarrow NO 発生!!$$

p.253参照!!
Hg, Ag も同じ性質でしたね!!

⑤ p.253参照!! CuO  黒色 Cu₂O ➡ 赤色

⑥ Cuがらみで青色の結晶といえば… $CuSO_4 \cdot 5H_2O$

⑦ $CuSO_4 \cdot 5H_2O$ $\xrightarrow{加熱}$ $CuSO_4$
　　 青色結晶　　　　　　　　　 白色粉末

加熱により水和水が取れる!!

⑧ **Theme 29** 参照!!

$$Cu^{2+} \xrightarrow{+NH_3} Cu(OH)_2 の青白色沈殿 \xrightarrow[\;さらに\;]{+NH_3} [Cu(NH_3)_4]^{2+} の深青色溶液$$

解答でござる

① **11** ← 盲点です!! 貴金属はイイなぁ〜♥ なんてね…。

② **1** ← **ダイナミックポイント!!** 参照!! でたらめな理論でしたが, 記憶に残ります♥

③ **NO** ← Cu + 希 HNO₃ → NO 発生!!

④ **NO₂** ← Cu + 濃 HNO₃ → NO₂ 発生!!

⑤ **CuO** ← 黒色です!! ちなみに Cu₂O は赤!!

⑥ **CuSO₄ · 5H₂O** ← Cuがらみの青色の結晶といえば…

⑦ **CuSO₄**

⑧ **[Cu(NH₃)₄]²⁺** ← テトラアンミン銅(Ⅱ)イオンです!!

マイナーな族の代表選手たち＠遷移元素

RUB OUT 1　6族代表のクロム Cr

❶　単体クロム Cr の性質

銀白色の光沢をもつ硬い金属。化学的には安定で，常温で空気や水に侵されることはない。**合金**として利用されることが多い。

塩酸や希硫酸には水素を発生しながら溶けるが，濃硝酸や王水には**不動態**を形成して溶けない‼

不動態を形成する仲間といえば…**Al, Fe, Ni, Cr　不動態**
あ　　て　　に　　くるが 動かない‼

❷　クロムの酸化物の色

これはマニアック気味。覚えるのはあとまわしにしてください。

酸化クロム（Ⅱ）CrO ━━▶ 黒色

酸化クロム（Ⅲ）Cr_2O_3 ━━▶ 緑色

酸化クロム（Ⅵ）CrO_3 ━━▶ 暗赤色

❸　クロム酸カリウム K_2CrO_4

黄色の結晶。水に溶けて**クロム酸イオン CrO_4^{2-}（黄色）**が生じる。この水溶液を**酸性**にすると，**ニクロム酸イオン $Cr_2O_7^{2-}$（赤橙色）**に変化する。**塩基性**にすると再びもとにもどる。

❹　ニクロム酸カリウム $K_2Cr_2O_7$

硫酸で酸性にした水溶液は，強い**酸化**作用をもつことで有名‼　詳しくは『化学基礎』28 にて…

❺　Cr^{3+} のお話

Cr^{3+} の色は**緑色**です。

Cr^{3+} にアンモニア水または強塩基の水溶液を加えると**水酸化クロム（Ⅲ）$Cr(OH)_3$** の**灰緑色**の沈殿を生じる。さらに，**強塩基の水溶液**を加えると**テトラヒドロキシドクロム（Ⅲ）酸イオン $[Cr(OH)_4]^-$** の**緑色**の溶液となる。

RUB OUT ② 7族代表のマンガン Mn

もろい…

❶ 単体マンガン Mn の性質

灰色っぽい金属。硬いことは硬いのだがもろい。

化学的には活発‼ さまざまな元素と反応します。イオン化傾向が**大きい**

ので酸に溶けて**水素**を発生する。

こいつは酸素の製法や乾電池の話のときも登場したなぁ…

❷ 酸化マンガン(Ⅳ) MnO_2

黒色の粉末であり，**酸化剤**として作用する。

❸ 過マンガン酸カリウム $KMnO_4$

黒紫色の結晶で，強い**酸化**作用をもつことで有名である。

注 硫酸で酸性にした水溶液中では強い酸化作用を示すものの，塩基性や中性の溶液

中ではイマイチ…

酸化や還元の詳しいお話は，
『化学基礎』と『化学[理論化学編]』で‼

RUB OUT ③ 9族代表のコバルト Co

あ て に くる が 動かない‼
Al, Fe, Ni, Cr 不動態
以外にあるのか〜⁉

❶ 単体コバルト Co の性質

酸に溶けて，青色の Co^{2+} を生じる。ちょっとマニアックなお話ですが，濃

硝酸に浸すと不動態を形成します。覚えだしたらキリがないので覚えなくても

いいと思いますが…。ちなみに，塩基には溶けません。

だったら書くなよ‼

❷ 塩化コバルト(Ⅱ) $CoCl_2$

無水物は青色の結晶で，水を吸って水和物 $CoCl_2 \cdot 6H_2O$ となり，赤みを

帯びる（淡赤色となる）ので，水分の検出に使用される。

RUB OUT 4　10族代表のニッケルNi

❶　単体ニッケルの性質

特にありません。

強いていえば，イオン化傾向が大きめなので酸に溶けて，**緑色のニッケルイオン**Ni^{2+}を生じることです。

❷　塩化ニッケル$NiCl_2$　マニアック!!

通常は水和物$NiCl_2 \cdot 6H_2O$の**緑色**の結晶として存在している。**潮解性**あり!!　マニアック!!

> 空気中で水蒸気を吸収して固体の表面が湿ってくる性質。p.232で登場した有名人$NaOH$と同じ性質です!!

❸　硫酸ニッケル$NiSO_4$　超マニアック!!

通常は水和物$NiSO_4 \cdot 6H_2O$の**緑色**の結晶として存在している。**風解性**あり!!

> 空気中に放置すると水和水を失っていく性質です。p.232で登場した$Na_2CO_3 \cdot 10H_2O$と同じ性質です。

> またもやNaがらみか…。
> 確かにNiとNaは元素記号も似ている…

補足コ～ナ～

あまり重要ではないのだが，Theme 29 で，Ni^{2+}のお話がチラホラ登場します。ゴロ合わせもあるので，ついでに覚えておいてくださいませ♥

覚えるぞ～っ!!

Theme 41 身のまわりの金属

重要なものだけまとめておきましょう!!

質問!!	答え!!	コメント
(1) 金属がよく通すものが2つあります。それは何か？	**電気**と**熱**	『化学[理論化学編]』p.40 参照!!
(2) 資源が豊富で安く大量に入手できる，強度は大きく，磁性があり（磁石にひっつく），さびやすい金属といえば？	**鉄（Fe）**	なるほど～
(3) 電気伝導性が大きい金属で，放置すると青さび（緑青）ができるものといえば？	**銅（Cu）**	たしかに，すごく古い10円玉は青みがちな緑色でさびている…
(4) 比較的やわらかく加工しやすい金属で，1円玉にも使われているものといえば？	**アルミニウム（Al）**	アルミホイル！
(5) 黄銅（しんちゅう）は何と何の合金か？	**銅**と**亜鉛**	銅 Cu がメイン。
(6) 青銅は何と何の合金か？	**銅**と**スズ**	これも銅がメインです。ちなみに，ブロンズ像は青銅でできてるよ。

(7) スズ（**Sn**）と鉛（**Pb**）の合金で，金属接合剤として用いられるものといえば？	**はんだ**	**はんだ**ごてっていうの聞いたことない？ 技術・家庭科の時間に使わなかったかい？
(8) アルミニウム（**Al**）に銅（**Cu**）やマグネシウム（**Mg**）などを加えた合金で，航空機や電車車輌に用いられるものといえば？	**ジュラルミン**	**ジュラルミンケース**なんていう，ごついカバンがありますね。 刑事ドラマに出てくるヤツだ！
(9) 鉄（**Fe**），クロム（**Cr**），ニッケル（**Ni**）などの合金で，酸や薬品に強く，台所用品に多く用いられるものといえば？	**ステンレス**	こっ，これはメジャーだ!!
(10) アルミニウム（**Al**），アルカリ金属，アルカリ土類金属などの精錬方法といえば？	**融解塩電解**	イオン化傾向が大きい金属でのお話。 不純物を含む金属から純粋な金属を取り出すことを**精錬**という。
(11) 亜鉛（**Zn**）や鉄（**Fe**）やニッケル（**Ni**）などはある物質の還元作用によって製錬する。この物質とは？	**C（コークス）**	鉱物から金属単体を取り出すことを**製錬**という。イオン化傾向が**H**より大きく中くらいの金属は，**C**や**CO**の還元作用によって製錬する。

(12) 硫化物を還元することにより製錬される金属を2つ答えよ。	銅（Cu），水銀（Hg）	イオン化傾向が H より少し小さい金属です。 **イオン化傾向** Li　K　　Ca Na Mg Al リッチにかりようか　な　ま　あ Zn Fe Ni Sn Pb H Cu あ　て　に　すん　な　ひ ど Hg Ag　Pt Au す　ぎる　借　金
(13) 宝石のルビーやサファイアの主成分となる金属の名称を答えよ。	アルミニウム（Al）	コランダムと呼ばれる Al_2O_3 の結晶からなる鉱物に，不純物として Cr が混ざると赤色になり，ルビーと呼ばれ，Fe や Ti が混ざると青色になり，サファイアと呼ばれます。

よく耳にするなぁ…

Theme 42 セラミックスについて!!

さぁ，例のシートをお出しになって♥

質問 !!	答え !!	コメント
(1) 二酸化ケイ素 SiO_2 の構造を含む無機物を高温処理してつくられた材料で，ガラス，セメント，陶磁器などをまとめて何というか？	**セラミックス**	 こりゃ有名なヤツが出ましたね。
(2) (1)に属するガラスで，次の(イ)〜(ニ)のようなガラスは何と呼ばれるか？		
(イ) 主成分が SiO_2，Na_2O，CaO で，加熱すると比較的融けやすい。板ガラスやビン類に利用されている。	(イ) **ソーダガラス**（**ソーダ石灰ガラス**）	←最もメジャーなガラス
(ロ) 主成分が SiO_2，K_2O，CaO で，融けにくく，実験器具などに利用されている。	(ロ) **カリガラス**	あたりまえだけどすべてに SiO_2 が含まれている!!
(ハ) 主成分が SiO_2，B_2O_3，Na_2O で，温度の急変に強い。電球などに利用されている。	(ハ) **ホウケイ酸ガラス**	←ホウ素（B）とケイ素（Si）だから…。
(ニ) 主成分が SiO_2，K_2O，PbO で，やわらかく最も融けやすい。光学ガラスとして有効である。	(ニ) **鉛ガラス**	PbO が含まれているから，この名称となった。プリズムやレンズに用いられている。

266

(3) (1)に属するセメントに
ついて
(イ) セメントの原料の2
種類を漢字で答えよ。

(ロ) (イ)の2種類の原料を
混合して回転炉で焼く
ことによって生じた塊
を何というか？

(ハ) (ロ)の塊に，あるもの
を添加したものがセメ
ントである。このある
ものとは？

(ニ) セメントを砂や砂利
との混合物にして，水
を加えて練ったのち，
固化したものを何と呼
ぶか？

(イ) 石 灰 石 ← CaCO₃ です。

粘　土
(ロ) クリンカー ← Al₂O₃, SiO₂, H₂O
が混合 !!

石灰石＋粘土
回転炉で焼く!!

クリンカー
セッコウを加える!!

セメント
砂や砂利とともに水
を加えて練る

固化したものが…
コンクリート

(ハ) セッコウ

(ニ) コンクリート

(4) (1)に属する陶磁器で次
のような陶磁器は何と呼
ばれるか？

(イ) 原料は粘土のみで，
強度は小さく，れんが，
瓦，植木鉢などに用い
られる。

(ロ) 原料は粘土と石英
で，強度はふつう，吸
水性に乏しく，タイル
や食器に用いられる。

(ハ) 原料は粘土と石英と
長石で，強度は大きめ，
吸水性がなく，高級食
器や装飾品に用いられ
る。

(イ) 土 器

(ロ) 陶 器

(ハ) 磁 器

土器は昔から使わ
れています。

この名前はある意味
あたりまえかも…

ペンダントとか
もありますね

(5)　精製した原料や新しい組成の原料を用いてつくられたセラミックスで，強度にすぐれ，熱やさびなどにも強く，ハサミや包丁^{ほうちょう}，人工骨などに利用されるものといえば？

ファインセラミックス

ナイス
フォロー その1 イチッ! 医薬品のお話

さぁ，始めましょう‼

質問‼	答え‼	コメント
(1) 病原体もしくは病原菌に直接作用し，死滅させて病気を治療する薬を何と呼ぶか？	化学療法薬 (りょうほう)	直接作用……抗生物質なんかがこれだな……
(2) (1)に属する薬で，微生物によって生産され，他の微生物の発育や代謝 (たいしゃ) を阻害 (そがい) する働きをもつものを何というか？	抗生物質	強力な薬だよ
(3) (2)の薬の中で，ブドウ球菌や肺炎菌などの感染症に効くものといえば？	ペニシリン	聞いたことある‼
(4) (2)の薬に対して抵抗する菌のことを何というか？	耐性菌 (たい せい きん)	こいつらがいるから常に新しい抗生物質を開発する必要があります‼
(5) (1)に属する薬で，*p*-アミノベンゼンスルホンアミド（スルファニルアミド）の誘導体 (ゆうどうたい) で，細菌の増殖を抑える働きをもつ物質を何と呼ぶか？	サルファ剤 (ざい)	スルファニルアミド $H_2N-\bigcirc-SO_2NH_2$ 誘導‼ $H_2N-\bigcirc-SO_2NH$ R これがサルファ剤‼ いろいろ‼

(6) (2)の薬の中で，土壌中の放線菌から発見され，タンパク質の合成過程を阻害することによって結核の治療に有効であったものは?	ストレプトマイシン	名前だけ押さえといて‼

(7) 病原体に直接働くのではなく，症状を緩和するために用いる医薬品を何というか?	対症療法薬	いろいろなお薬がありますよ

(8) (7)に属する薬で，サリチル酸をメタノールでエステル化することによって得られる物質の名称と効用は?

名称は?
サリチル酸メチル
（商品名はサロメチール®）

効用は?
消炎鎮痛剤

サリチル酸‼

$$\text{C}_6\text{H}_4(\text{COOH})(\text{OH}) + CH_3OH$$

エステル化

$$\longrightarrow \text{C}_6\text{H}_4(\text{COOCH}_3)(\text{OH}) + H_2O$$

サリチル酸メチル‼

(9) (7)に属する薬で，サリチル酸に無水酢酸を作用させることによって得られる物質の名称と効用は?

名称は?
アセチルサリチル酸
（商品名はアスピリン®）

効用は?
解熱鎮痛剤

サリチル酸‼ 無水酢酸‼

$$\text{C}_6\text{H}_4(\text{COOH})(\text{OH}) + \begin{array}{c}CH_3CO\\CH_3CO\end{array}\!\!\Big\rangle O$$

アセチルサリチル酸‼

アセチル化

$$\longrightarrow \text{C}_6\text{H}_4(\text{COOH})(\text{OCOCH}_3) + CH_3COOH$$

詳しくは…$-O-\underset{\underset{\displaystyle O}{\|}}{C}-CH_3$

(10) (7)に属する薬の p- アセトアミドフェノール

$$HO-\!\!\left\langle \text{ }\right\rangle\!\!-NHCOCH_3$$

の効用は?

解熱鎮痛剤

ここまで覚えなくてもいいかも…

ナイス
フォロー その2 補足事項ダイジェスト!!
（無機化学）

 赤いシートで覚えてください!!

Question	Answer	Comment
(1) クロム酸カリウム K_2CrO_4 は何色の結晶か？	黄色結晶	
(2) クロム酸イオン $CrO_4{}^{2-}$ の色は？	黄　色	(1)と(2)はセットで覚えてください!!
(3) 二クロム酸カリウム $K_2Cr_2O_7$は何色の結晶か？	赤橙色結晶	p.259で出てきたね!!
(4) 二クロム酸イオン $Cr_2O_7{}^{2-}$ の色は？	赤橙色	(3)(4)はセットで覚えろ!!
(5) クロム酸イオン $CrO_4{}^{2-}$ を酸性にするとどうなるか？	ニクロム酸イオン $Cr_2O_7{}^{2-}$ になる。	$2CrO_4{}^{2-}+2H^+ \underset{塩基性}{\overset{酸性}{\rightleftharpoons}} Cr_2O_7{}^{2-}+H_2O$
(6) 二クロム酸イオン $Cr_2O_7{}^{2-}$ を塩基性にするとどうなるか？	クロム酸イオン $CrO_4{}^{2-}$ になる。	(5)(6)はセットで覚えるべし!!
(7) (5)(6)の反応は酸化還元反応といえるか？	いえない	ともにCrの酸化数は＋6。よって、酸化も還元もされていない。『化学[理論化学編]』p.281 問題72 (6)参照!!
(8) 酸化マンガン(Ⅳ) MnO_2は何色の粉末か？	黒色の粉末	触媒にもなるし、酸化剤にもなる芸達者なヤツだぜ!!
(9) Mn^{2+}の色は？	淡赤色（ほぼ無色）	微妙だね…

(10) 過マンガン酸カリウム $KMnO_4$ は何色の結晶か？	黒紫色の結晶	こいつの酸化作用は強力だったね…
(11) 水銀 Hg は他の金属を溶かしやすく合金をつくる。この合金を何と呼ぶか？	アマルガム	
(12) 航空機などに利用されるアルミニウムの合金とは？	ジュラルミン	ジュラルミンケースとかあるよね…
(13) 銅の単体は湿った空気中で徐々に酸化され，表面に緑色の錆ができる。これを何と呼ぶか？	緑青（ろくしょう）	古い10円玉が青緑色になってるでしょ!? あれですよ!! あれ!! p.253参照!!
(14) Ag^+ にシアン化カリウム水溶液を加えたらどうなるか？	ジシアニド銀（I）酸イオン $[Ag(CN)_2]^-$ になる。	錯イオンについては，『化学［理論化学編］』p.36を参照!!
(15) Ag^+ にチオ硫酸ナトリウム水溶液を加えたらどうなるか？	ビス（チオスルファト）銀（I）酸イオン $[Ag(S_2O_3)_2]^{3-}$ になる。	名前までは覚えなくてもいいと思いますよ…

 **参考資料 錯イオンの立体構造**

その**1** 錯イオンをつくるときの
配位数が **2** のとき ➡ 陽イオンを中心に
直線構造

まわりにくっついている数

直線形をとる中心の原子
のイオンは Ag^+ です!!

例 $[Ag(NH_3)_2]^+$

$NH_3 \longrightarrow Ag^+ \longleftarrow NH_3$

その**2** 錯イオンをつくるときの
配位数が **4** のとき ➡ 陽イオンを中心に
正方形構造 または
正四面体構造

例 $[Zn(NH_3)_4]^{2+}$

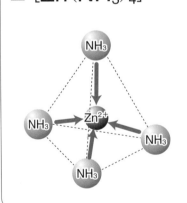

例 $[Cu(H_2O)_4]^{2+}$

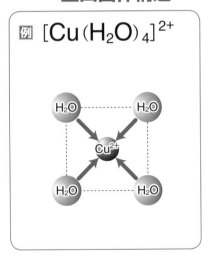

正四面体形をとる中心の
原子のイオンは
Zn^{2+}とCo^{2+}
が主です!!

これは
マニアックな
例です

正方形をとる中心の原子
のイオンは
Cu^{2+}
です!!

その 3 錯イオンをつくるときの配位数が **6** のとき ➡ 陽イオンを中心に **正八面体構造**

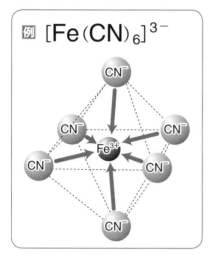

例 $[Fe(CN)_6]^{3-}$

正八面体形をとる中心の原子のイオンは Fe^{2+}, Fe^{3+}, Co^{3+}, Cr^{3+}, Al^{3+} です!!

問 題 一 覧

この本に掲載した問題を再掲載しました。

これらの問題は、「1題解いたら，10題解くのと同じくらい」中身のつまった良問ですから，この一覧表を利用して，たとえ一度目に解いたときには正解したとしても，あとでもう一度復習してみてください。復習することによって，それまで気づかなかった新たな発見がきっとあるはずです。

有機化学編

問題1 ── キソのキソ ── p.12

次の(ア)〜(ケ)の化学式の中から，組成式であるものをすべて選べ。

(ア) 水 H_2O
(イ) エタノール C_2H_5OH
(ウ) 硝酸 HNO_3
(エ) 二酸化炭素 CO_2
(オ) 塩化マグネシウム $MgCl_2$
(カ) アンモニア NH_3
(キ) 硫酸銅 $CuSO_4$
(ク) 硫化水素 H_2S
(ケ) 炭酸カルシウム $CaCO_3$

問題2 ── キソのキソ ── p.14

次の(ア)〜(ソ)の中から，混合物であるものをすべて選べ。

(ア) 酸素　(イ) フッ素　(ウ) ネオン　(エ) 硫化水素　(オ) 塩酸

(カ) 硝酸　(キ) 希硫酸　(ク) メタン　(ケ) 炭酸水　(コ) 石油

(サ) ニッケル　(シ) 銅　(ス) 水酸化ナトリウム水溶液

(セ) 水酸化カリウム　(ソ) 砂糖水

問題3 ── キソのキソ ── p.17

次の(ア)〜(ク)の中から，互いに同素体である組み合わせをすべて選べ。

(ア) 酸素とオゾン
(イ) ダイヤモンドと黒鉛
(ウ) 単斜硫黄とゴム状硫黄
(エ) カルシウムとナトリウム
(オ) 赤リンと黄リン
(カ) 一酸化窒素と二酸化窒素
(キ) 金と白金
(ク) メタンとエタン

問題4 ── キソのキソ ── p.22

次の(1)〜(8)の原子がイオン化するときの化学反応式を書け。

(1) Li　(2) Be　(3) O　(4) Mg

(5) Al　(6) Cl　(7) K　(8) H

問題5　キソ　　　　　　　　　　　　　　　　　　　　p.28

次の分子の電子式と構造式を書け。

(1)　水素 H_2　　　　　(2)　塩素 Cl_2　　　　　(3)　酸素 O_2

(4)　塩化水素 HCl　　　(5)　硫化水素 H_2S　　　(6)　アンモニア NH_3

(7)　メタン CH_4　　　　(8)　二酸化炭素 CO_2

問題6　キソのキソ　　　　　　　　　　　　　　　　　　p.35

次の(1)〜(4)の構造式で表される有機化合物の示性式，分子式，組成式を書け。

(1)
```
    H  H  H
    |  |  |
H－C＝C－C－H
       |
       H
```

(2)
```
    H  H
    |  |
H－C－C－C－O－H
    |  |  ‖
    H  H  O
```

(3)
```
    H  H  H
    |  |  |
H－C－C－C－O－H
    |  |
H－C－C－H
    |  |
    H  H
```

(4)
```
    H  H           H
    |  |           |
H－C－C－C≡C－C－H
    |  |           |
    H  |           H
    H－C－H
        |
        H
```

問題7　キソのキソ　　　　　　　　　　　　　　　　　　p.37

次のバカ正直な構造式で表された有機化合物を，簡略化した構造式に書き直せ!!

(1)
```
        H
        |
    H、  C 、    C－O－H
     ＼ ∥ ＼  ／ ∥
      C   C   O
      ‖   ‖
H、  C   C 、
  ＼ ／ ＼ ／   H
   C   C
   |   |
   H   H
```

(2)
```
        H          O
        |         ∥
    H、  C 、    C－H
     ＼ ∥ ＼  ／
      C   C
      ‖   ‖ ＼
H、  C   C   H
  ＼ ／ ＼ ／
   C   C－H
   |   |
   H   H
```

278

問題8 ─ 標準 ─────────────────────── p.40

炭素，水素，酸素よりなる有機化合物$2.40mg$を完全燃焼させたところ，二酸化炭素$3.52mg$と水$1.44mg$を生じた。このとき，次の各問いに答えよ。ただし，原子量は$H = 1.0$，$C = 12$，$O = 16$とする。

(1) この有機化合物中に含まれる炭素の質量を求めよ。

(2) この有機化合物中に含まれる水素の質量を求めよ。

(3) この有機化合物中に含まれる酸素の質量を求めよ。

(4) この有機化合物の組成式を求めよ。

(5) この有機化合物の分子量が60であるとき，この有機化合物の分子式を求めよ。

問題9 ─ 標準 ─────────────────────── p.49

次の(1)〜(3)を化学反応式で示せ。

(1) 臭素水にエチレンを通じると，臭素水の赤褐色が消える。

(2) ニッケル触媒のもとで，エチレンは水素と反応する。

(3) 硫酸触媒のもとで，エチレンは水と反応する。

問題10 ─ ちょいムズ ─────────────────── p.55

次の分子式で表される炭化水素の異性体の種類の個数を答えよ。

(1) C_5H_{12}　　(2) C_6H_{14}　　(3) C_3H_6　　(4) C_4H_8

問題11 ─ キソ ─────────────────────── p.62

次の(1)〜(4)の示性式で表されるアルコールは第何級アルコールであるか。

(1) CH₃CHCH₂OH　　　(2) CH₃CH₂CHOH
　　　　│CH₃　　　　　　　　　　│CH₃

(3)　　　　　CH₃
　　CH₃CH₂ − C − OH
　　　　　　CH₃

(4)　　　　　CH₃
　　CH₃CH₂ − C − CH₂OH
　　　　　　CH₃

問題12　キソ　p.64

　次の(1)，(2)の各アルコールに金属ナトリウム Na を加えたときの化学反応式を書け。

(1)　メタノール　CH_3OH　　　　(2)　エタノール　CH_3CH_2OH

問題13　標準　p.67

　次の⑦～㋐のアルコールの中から酸化されにくいものを選べ。

⑦　$CH_3CH_2\underset{\underset{CH_3}{|}}{CH}CH_2OH$

㋑　$CH_3-\underset{\underset{CH_3}{|}}{\overset{\overset{CH_3}{|}}{C}}-CH_2OH$

㋒　$CH_3-\underset{\underset{CH_3}{|}}{\overset{\overset{CH_3}{|}}{C}}-\underset{\underset{CH_3}{|}}{CH}OH$

㋓　$CH_3CH_2-\underset{\underset{CH_3}{|}}{\overset{\overset{CH_3}{|}}{C}}-OH$

問題14　キソ　p.70

　エタノールについて，次の各問いに答えよ。

(1)　エタノールは付加反応によって合成することができる。このときの化学反応式を示せ。

(2)　エタノールはある酵素群によりグルコースなどの単糖類から得られる。この化学反応の名称と酵素群の名称を答えよ。

(3)　エタノールと濃硫酸の混合物を約 $140℃$ に加熱することにより生じる物質は何か。示性式と名称を答えよ。

(4)　エタノールと濃硫酸の混合物を $160℃ \sim 170℃$ に加熱することにより生じる物質は何か。示性式と名称を答えよ。

問題15　標準　p.73

　分子式 $C_4H_{10}O$ の異性体の示性式をすべて書け。

問題16 ─ 標準 ──────────────── p.77

エタノールに二クロム酸カリウムの硫酸酸性溶液を加えて加熱すると刺激臭を有する還元性のある液体が得られた。これについて，次の各問いに答えよ。

(1) この液体の示性式と名称を答えよ。

(2) この液体にフェーリング液を加えて加熱する。生じる沈殿の化学式，名称，色を答えよ。

問題17 ─ キソ ──────────────── p.85

次の⑦～⑰についてあとの各問いに答えよ。

⑦ HCOOH

⑦ CH₃COOH

⑰

㋤ HOOC─〈 〉─COOH

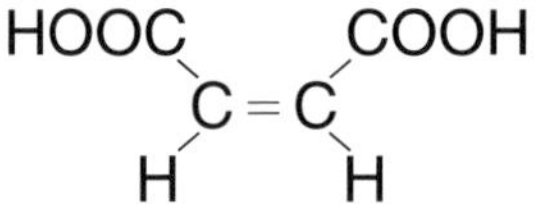

㋘

㋙

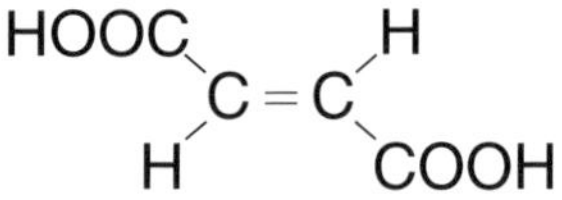

(1) 銀鏡反応を呈するものを選べ。

(2) 脱水剤を入れて加熱することにより酸無水物を生じるものを選べ。

問題18 ─ キソ ──────────────── p.88

次のカルボン酸とアルコールの混合物に，濃硫酸を加えて温めてエステル化したときに得られるエステルの示性式と名称を答えよ。

(1) ギ酸とメタノール

(2) 酢酸とエタノール

(3) 酢酸と1-プロパノール

(4) 安息香酸とメタノール

問題19 ちょいムズ　p.89

$C_4H_8O_2$の分子式をもつエステルを加水分解したところ，カルボン酸ⒶとアルコールⒷが得られた。アルコールⒷを二クロム酸カリウムで酸化すると化合物Ⓒが得られた。カルボン酸Ⓐと化合物Ⓒはともに銀鏡反応を示した。このとき，エステルの示性式を記せ。

問題20 標準　p.98

次の㋐〜㋖の化合物の中から，ヨードホルム反応を示すものを選べ。

㋐ CH_3OH　　㋑ CH_3COOH　　㋒ $CH_3COC_2H_5$

㋓ $CH_3COOC_2H_5$　　㋔ CH_3CHOH　　㋖ $C_2H_5OC_2H_5$
　　　　　　　　　　　　　　｜
　　　　　　　　　　　　　CH_3

問題21 ちょいムズ　p.99

分子式がC_3H_8Oで表される3種類の有機化合物A，B，Cがある。

㋐ 各化合物を二クロム酸カリウムで酸化すると，A，Bは酸化され，それぞれD，Eを生じた。

㋑ A，Dはアルカリ溶液中でヨウ素と反応し，特異臭のある沈殿を生じた。

㋒ Eはフェーリング液を還元し赤色沈殿を生じた。

(1) 化合物A，B，C，D，Eの示性式を記せ。

(2) (イ)により生じた化合物の化学式と名称，さらに色を答えよ。

(3) (ウ)で生じた赤色の化合物の化学式と名称を答えよ。

問題22 標準　p.102

次の㋐〜㋓の化合物の中から，鏡像異性体が存在するものを選べ。

㋐ CH_3CH_2CHOH　　㋑　　CH_2COOH
　　　　　　　｜　　　　　　　　　｜
　　　　　　CH_3　　　　　$HO-CHCOOH$

㋒　　　　　CH_3　　　㋓ ⟨benzene⟩$-CH_2CHCOOH$
　　　　　　　｜　　　　　　　　　　　　｜
CH_3CH_2-C-OH　　　　　　　　CH_3
　　　　　　　｜
　　　　　　CH_3

問題23 ─ キソ ─ p.108

次の(1)〜(4)を化学反応式を用いて表せ。

(1) ベンゼンに濃硫酸と濃硝酸を作用させる。

(2) ベンゼンに濃硫酸を加えて熱する。

(3) ベンゼンに鉄粉を触媒として臭素を加える。

(4) ベンゼンにニッケルを触媒として水素を加える。

問題24 ─ 標準 ─ p.114

分子式 C_7H_8O の異性体について，次の各問いに答えよ。

(1) 異性体は何種類あるか。

(2) (1)のうち，塩化鉄(Ⅲ)水溶液を加えると呈色反応を示すものは何種類あるか。

(3) (1)のうち，酸化することにより還元性を示す化合物となるものの構造式は何種類あるか。

問題25 ─ 標準 ─ p.116

次の文の①〜⑨の空欄に，適当な語句または数値を入れよ。

ベンゼン分子の1個のHが−OHで置換された化合物 ① は，工業的にはベンゼンと ② から ③ 法によってつくられる。トルエンのベンゼン環の1個のHが−OHで置換された化合物 ④ の異性体は ⑤ 種類存在する。一方，ナフタレン分子の1個のHが−OHで置換された化合物 ⑥ の異性体は ⑦ 種類存在する。 ① や ④ や ⑥ などの水溶液は，炭酸より ⑧ い酸性を示し，また ⑨ 溶液を加えると，紫色を呈する。

問題26 標準 p.123

次の文の①～⑨の空欄に適当な語句を入れよ。

アニリンは，　①　をスズと　②　で還元し，これにNaOH溶液を加えることにより得られる。

アニリンと　③　と塩酸を氷冷しながら生成させた　④　はフェノールの希NaOH溶液と　⑤　反応を起こして　⑥　ができる。

また，アニリンに無水酢酸を作用させると　⑦　と弱酸である　⑧　が得られる。

さらに，アニリンにさらし粉を加えると　⑨　色に呈色する。

問題27 ちょいムズ p.129

次の文を読んで，あとの各問いに答えよ。

分子式C_8H_{10}の芳香族炭化水素A，B，C，Dがある。A，B，C，Dを過マンガン酸カリウムで酸化すると，それぞれE，F，G，Hが得られたが，F，G，Hに比べてEの炭素数だけが1つ少なかった。①Eをメタノールに溶かし，濃硫酸を加えて加熱すると，Iに変化した。②Fを約230℃に加熱したところ，容易に脱水が起こってJに変化したが，同様にG，Hを加熱しても脱水反応は起こらなかった。また，③Jは分子式$C_{10}H_8$の芳香族炭化水素Kを酸化バナジウム(V)の触媒下で，空気酸化しても得られる。Jは水と徐々に反応して，Fに戻る。

一方，Cに濃硫酸と濃硝酸の混合物を作用させると，ニトロ基を1個含む化合物（モノニトロ化合物）がただ1種類生じた。

(1) 化合物A，B，C，Dの構造式を書け。

(2) 化合物E，F，G，Hの構造式と名称をそれぞれ書け。

(3) 下線部①，②の変化を，化学反応式で書け。

(4) 下線部③の化合物Kの名称を書け。

　ベンゼン，ニトロベンゼン，フェノール，安息香酸，アニリンを含むエーテル溶液がある。それぞれを分離するために，下の図の①〜⑥の操作を行い A 〜 D に各成分を分離した。

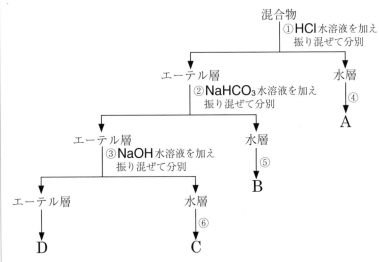

(1)　④，⑤，⑥として適当な操作を書け。

(2)　A，B，C の化合物の名称を書け。

(3)　D には2種類の化合物が存在する。これを分離するために湯浴器を用いて蒸留したエーテル中に残ったほうの化合物の名称を書け。

問題29 ── 標準 ──────────────────── p.173 ▶

　リノール酸 $C_{17}H_{31}COOH$ のグリセリンエステルだけからなる油脂がある。この油脂 $100g$ に付加するヨウ素 I_2 の質量を有効数字 2 桁で求めよ。ただし，原子量は $H = 1.0$，$C = 12$，$O = 16$，$I = 127$ とする。

問題30 ── 標準 ──────────────────── p.176 ▶

　ある油脂 $440g$ を完全にけん化するのに必要な水酸化ナトリウムは $60g$ であった。この油脂の平均分子量を求めよ。ただし，式量は $NaOH = 40$ とする。

無機化学編

p.188

問題31 標準

次の表は，周期表の一部を示している。この表の元素について，(1)～(6)の各問いに答えよ。

族 周期	1	2	3	4	5	6	7	8	9	10	11	12	13	14	15	16	17	18
1	H																	He
2	Li	Be											B	C	N	O	F	Ne
3	Na	Mg											Al	Si	P	S	Cl	Ar
4	K	Ca	Sc	Ti	V	Cr	Mn	Fe	Co	Ni	Cu	Zn	Ga	Ge	As	Se	Br	Kr

(1) 常温・常圧でその単体が気体として存在する元素は何種類あるか。

(2) 常温・常圧でその単体が液体として存在する元素は何種類あるか。

(3) 遷移元素は何種類あるか。

(4) 非金属元素は何種類あるか。

(5) 化学的に安定で化合物をつくりにくい元素はどれか。元素記号で示せ。

(6) 両性金属と呼ばれる元素を元素記号で示せ。

問題32 標準　　　　　　　　　　　　　　　　　　　　　p.197

次の(1)～(8)の気体を得るために最も適した薬品の組み合わせを **A群** から，実験装置を **B群** から，捕集法を **C群** から一つずつ選び，それぞれ記号で答えよ。

(1) 酸素　　(2) 水素　　　(3) アンモニア　　(4) 塩化水素

(5) 塩素　　(6) 一酸化窒素　(7) 二酸化窒素　　(8) 二酸化硫黄

A群

(ア) 水酸化カルシウムと塩化アンモニウム

(イ) 酸化マンガン(Ⅳ)と濃塩酸

(ウ) 酸化マンガン(Ⅳ)と過酸化水素水

(エ) 銅と濃硝酸

(オ) 銅と希硝酸

(カ) 銅と熱濃硫酸

(キ) 亜鉛と希硫酸

(ク) 塩化ナトリウムと濃硫酸

B群

(ケ) 　　(コ) 　　(サ)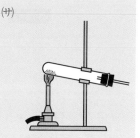

C群

(シ) 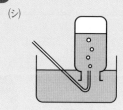　　(ス) 　　(セ)

問題33 **ちょいムズ** p.205

Na⁺ Al³⁺ K⁺ Ca²⁺ Fe³⁺ Cu²⁺ Zn²⁺ Ag⁺ Ba²⁺ Pb²⁺

の陽イオンが溶けている水溶液から，性質の似ているイオンを分離する操作
(①〜⑧)を次に示す。

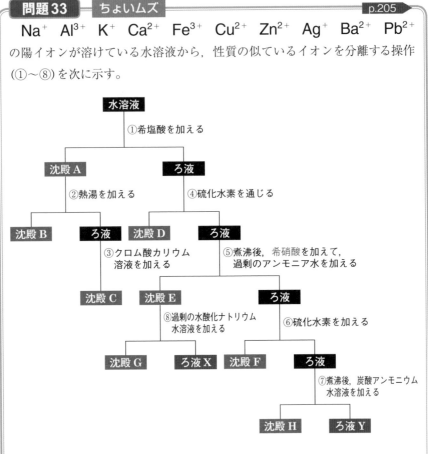

(1) 沈殿A〜Hに含まれる化合物の化学式と色をそれぞれ答えよ。

(2) ろ液X，Yに含まれる金属イオンのイオン式を答えよ。

(3) 操作⑤で希硝酸を加える理由を答えよ。

問題34 — 標準 — p.212

次の実験装置を用いて，濃塩酸と酸化マンガン（Ⅳ）から乾燥塩素ガスをつくった。このとき，次の各問いに答えよ。

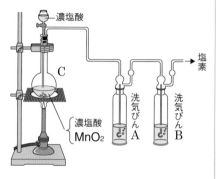

(1) フラスコ C の中での反応を化学反応式で示せ。

(2) 洗気びん A，B に入れる液体の物質名およびその作用を答えよ。

(3) 塩素ガスの捕集法は次のどれか。

　(ア) 上方置換

　(イ) 下方置換

　(ウ) 水上置換

問題35 — 標準 — p.215

次の文の(ア)〜(オ)の空欄に，適当な語句を入れよ。

黄鉄鉱 FeS_2 を ［　(ア)　］ の存在下で燃焼させ，［　(イ)　］ をつくり，これと空気との混合物を ［　(ウ)　］ などの触媒に通して ［　(エ)　］ とする。さらに，これを濃硫酸に吸収させて発煙硫酸とし，これに希硫酸を加えて濃硫酸をつくる。この方法を ［　(オ)　］ という。

問題36 — 標準 — p.219

アンモニアを原料とした硝酸の工業的製法について，次の各問いに答えよ。

(1) この方法を何というか。

(2) このとき触媒として用いられる金属の名称を答えよ。

(3) アンモニアは酸化され窒素の酸化物となる。この酸化物の化学式を書け。

(4) $3mol$ のアンモニアを原料にしたとき，理論上何 mol の硝酸が得られるか。

問題37 ちょいムズ
p.223

次の文の①～⑫の空欄に適当な語句，数字または化学式を記し，あとの各問いに答えよ。

炭素と同じく元素の周期表の　①　族に属するケイ素は，地殻中に　②　に次いで多く含まれる元素である。炭素の(a)同素体の1つに　③　があるが，ケイ素の単体も　③　と同じ構造をとり，　④　結合の結晶である。ケイ素の単体は天然には存在しないが，酸化物をコークスで還元すると得られ，　⑤　素子や太陽電池の材料として工業的に有用である。炭素の酸化物が気体となるのに対し，ケイ素の酸化物は組成式こそ　⑥　と書けるものの，高い融点をもつ固体である。これは，この酸化物において，酸素原子がケイ素原子の周囲を　⑦　面体状に取り囲み，その多面体が酸素原子を共有して多数つながった無機高分子化合物だからである。

無定形のケイ素酸化物は石英ガラスと呼ばれ，それを繊維化した　⑧　は胃カメラや光通信に用いられる。ケイ素酸化物は一般に酸とは反応しないが，(b)　⑨　酸とは特異的に反応する。一方，(c)塩基とともに加熱すると　⑩　になる。これに酸を加え，得られる沈殿を加熱脱水したものが乾燥剤として有名な　⑪　である。天然の各種の　⑩　や石英が主成分の原料から，信楽焼（しがらき）などの　⑫　やセメント，ガラスなどがつくられる。

(1)　下線(a)の同素体の例を，炭素以外に3組あげよ。

(2)　下線(b)の反応の反応式を書け。

(3)　下線(c)の塩基に，炭酸ナトリウムを用いたときの反応式を書け。

問題38 標準 p.228

次の文を読んで,あとの各問いに答えよ。必要があれば,次の数値を用いよ。

$C = 12.0$, $Ca = 40.0$, $Cl = 35.5$, $H = 1.0$, $Na = 23.0$, $O = 16.0$

アンモニアソーダ法は,石灰石と塩化ナトリウムから炭酸ナトリウムを工業的につくる方法であり,製造過程における反応を以下に示す。

① 塩化ナトリウムの飽和水溶液にアンモニアを十分に吹き込み,その後に二酸化炭素を通じると,炭酸水素ナトリウムが沈殿する。

② 沈殿した炭酸水素ナトリウムを分離後加熱して,炭酸ナトリウムを得る。

③ ①の反応に用いる二酸化炭素は石灰石を熱分解してつくる。②で生成する二酸化炭素も反応に利用する。

④ ③で生成した酸化カルシウムから水酸化カルシウムをつくる。

⑤ 水酸化カルシウムを①で生成した塩化アンモニウムと反応させ,アンモニアを回収する。

(1) ①〜⑤の反応式を書け。

(2) ①〜⑤までの反応をまとめると,1つの反応式となる。この反応式を書け。

(3) ②の反応で炭酸水素ナトリウム840kgから生成する炭酸ナトリウムは何kgか。

(4) ①で用いられるアンモニアは,現在は別の方法で合成されたものが使用されていて⑤のアンモニアの回収操作は行われていない。530kgの無水炭酸ナトリウムをつくるのに必要なアンモニアは,標準状態で何Lになるか。有効数字3桁で答えよ。

問題39 — 標準 — p.233

次の(ア)〜(ク)の中から誤りのあるものをすべて選べ。

(ア) 1族の元素はすべてアルカリ金属である。

(イ) 2族の元素はすべてアルカリ土類金属である。

(ウ) アルカリ金属の原子は，ふつう電子を1個放出して陽イオンになる。

(エ) アルカリ土類金属の原子は，ふつう2価の陽イオンになる。

(オ) アルカリ土類金属は同じ周期のアルカリ金属より陽イオンになりやすい。

(カ) アルカリ金属，アルカリ土類金属の単体を得るには，化合物を融解塩電解する方法が用いられる。

(キ) アルカリ金属，アルカリ土類金属はすべて炎色反応を示す。

(ク) アルカリ土類金属の炭酸塩は水に難溶だが，硫酸塩は水に易溶である。

問題40 — 標準 — p.238

アルミニウムの精錬には，右の図のように，電解炉でアルミナに氷晶石を加えて融解し，炭素を電極として電気分解してつくる方法がある。これについて，次の各問いに答えよ。

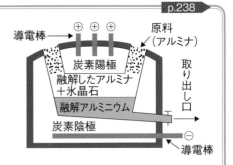

(1) アルミナの化学式を記せ。

(2) 氷晶石を加える理由を答えよ。

(3) アルミニウム単体が得られるのは陽極・陰極のどちらか。

問題41 標準 p.244

次の文の①〜⑧の空欄に適当な語句を入れよ。

鉄を希塩酸と反応させると，水素を発生しながら溶け ① を生成する。この水溶液は淡緑色を示し， ① の水溶液に塩素を通じると ② を生成し，黄褐色の水溶液になる。 ① の水溶液に水酸化ナトリウム水溶液を加えると，緑白色の ③ が沈殿する。この沈殿物は空気で容易に酸化され，赤褐色の ④ になる。 ② の水溶液にヘキサシアニド鉄(Ⅱ)酸カリウム水溶液を加えると ⑤ 色の沈殿が生じ，チオシアン酸カリウム水溶液を加えると， ⑥ 色の溶液となる。また， ② の水溶液をアルカリ性にして硫化水素を吹き込むと，黒色の ⑦ が沈殿する。

一方， ① の水溶液にヘキサシアニド鉄(Ⅲ)酸カリウム水溶液を加えると ⑧ 色の沈殿を生じる。

問題42 標準 p.251

次の文の①〜⑧の空欄に適当な化学式，数値を入れよ。

周期表の ① 族に属する**Cu**，**Ag**，**Au**は，いずれも最外殻電子の数は ② 個である。いま，希硝酸に銅を加えると気体 ③ が発生し，濃硝酸に銅を加えると赤褐色の気体 ④ が発生した。また，空気中で銅を加熱すると黒色の酸化物 ⑤ が得られた。 ⑤ を希硫酸に溶解させたのち，その溶液を濃縮すると，青色の結晶の ⑥ が析出した。この ⑥ を取り出して加熱すると，白色粉末状の ⑦ が得られた。 ⑦ を水に溶かし，過剰のアンモニア水を加えると， ⑧ で表される錯イオンが生じた。

元素記号表 でござる

	1	2							3	4	5	6	7	8	9

原子番号 → 1 H ← 元素記号
原子量 → 1.0
水素 ← 元素名

■■ : 気体
■■ : 液体
他は固体

■■■ 内は金属元素
他は非金属元素

	1	2	3	4	5	6	7	8	9
1	1 **H** 1.0 水素								
2	3 **Li** 6.9 リチウム	4 **Be** 9.0 ベリリウム							
3	11 **Na** 23.0 ナトリウム	12 **Mg** 24.3 マグネシウム							
4	19 **K** 39.1 カリウム	20 **Ca** 40.1 カルシウム	21 **Sc** 45.0 スカンジウム	22 **Ti** 47.9 チタン	23 **V** 50.9 バナジウム	24 **Cr** 52.0 クロム	25 **Mn** 54.9 マンガン	26 **Fe** 55.8 鉄	27 **Co** 58.9 コバルト
5	37 **Rb** 85.5 ルビジウム	38 **Sr** 87.6 ストロンチウム	39 **Y** 88.9 イットリウム	40 **Zr** 91.2 ジルコニウム	41 **Nb** 92.9 ニオブ	42 **Mo** 95.9 モリブデン	43 **Tc** 〔99〕 テクネチウム	44 **Ru** 101.1 ルテニウム	45 **Rh** 102.9 ロジウム
6	55 **Cs** 132.9 セシウム	56 **Ba** 137.3 バリウム	57-71 ランタノイド	72 **Hf** 178.5 ハフニウム	73 **Ta** 180.9 タンタル	74 **W** 183.8 タングステン	75 **Re** 186.2 レニウム	76 **Os** 190.2 オスミウム	77 **Ir** 192.2 イリジウム
7	87 **Fr** 〔223〕 フランシウム	88 **Ra** 〔226〕 ラジウム	89-103 アクチノイド	104 **Rf** 〔267〕 ラザホージウム	105 **Db** 〔268〕 ドブニウム	106 **Sg** 〔271〕 シーボーギウム	107 **Bh** 〔272〕 ボーリウム	108 **Hs** 〔277〕 ハッシウム	109 **Mt** 〔276〕 マイトネリウム

アルカリ金属　アルカリ土類金属

←— 典型元素 —→←————————— 遷移元素 —————————

				13	14	15	16	17	18
									2 **He** 4.0 ヘリウム
				5 **B** 10.8 ホウ素	6 **C** 12.0 炭素	7 **N** 14.0 窒素	8 **O** 16.0 酸素	9 **F** 19.0 フッ素	10 **Ne** 20.2 ネオン
				13 **Al** 27.0 アルミニウム	14 **Si** 28.1 ケイ素	15 **P** 31.0 リン	16 **S** 32.1 硫黄	17 **Cl** 35.5 塩素	18 **Ar** 39.9 アルゴン
10	11	12							
28 **Ni** 58.7 ニッケル	29 **Cu** 63.5 銅	30 **Zn** 65.4 亜鉛	31 **Ga** 69.7 ガリウム	32 **Ge** 72.6 ゲルマニウム	33 **As** 74.9 ヒ素	34 **Se** 79.0 セレン	35 **Br** 79.9 臭素	36 **Kr** 83.8 クリプトン	
46 **Pd** 106.4 パラジウム	47 **Ag** 107.9 銀	48 **Cd** 112.4 カドミウム	49 **In** 114.8 インジウム	50 **Sn** 118.7 スズ	51 **Sb** 121.8 アンチモン	52 **Te** 127.6 テルル	53 **I** 126.9 ヨウ素	54 **Xe** 131.3 キセノン	
78 **Pt** 195.1 白金	79 **Au** 197.0 金	80 **Hg** 200.6 水銀	81 **Tl** 204.4 タリウム	82 **Pb** 207.2 鉛	83 **Bi** 209.0 ビスマス	84 **Po** 〔210〕 ポロニウム	85 **At** 〔210〕 アスタチン	86 **Rn** 〔222〕 ラドン	
110 **Ds** 〔281〕 ダームスタチウム	111 **Rg** 〔280〕 レントゲニウム	112 **Cn** 〔285〕 コペルニシウム	113 **Nh** 〔284〕 ニホニウム	114 **Fl** 〔289〕 フレロビウム	115 **Mc** 〔288〕 モスコビウム	116 **Lv** 〔293〕 リバモリウム	117 **Ts** 〔294〕 テネシン	118 **Og** 〔294〕 オガネソン	

ハロゲン　貴ガス

典型元素

坂田　アキラ（さかた　あきら）
N予備校講師。
1996年に流星のごとく予備校業界に現れて以来、ギャグを交えた巧みな話術と、芸術的な板書で繰り広げられる“革命的講義”が話題を呼び、抜群の動員力を誇る。
現在は数学の指導が中心だが、化学や物理、現代文を担当した経験もあり、どの科目を教えても受講生から「わかりやすい」という評判の人気講座となる。
著書に『改訂版　坂田アキラの　医療看護系入試数学Ⅰ・Aが面白いほどわかる本』『改訂版　坂田アキラの　数列が面白いほどわかる本』などの数学参考書のほか、理科の参考書として『改訂版　大学入試　坂田アキラの　化学基礎の解法が面白いほどわかる本』『完全版　大学入試　坂田アキラの　物理基礎・物理の解法が面白いほどわかる本』（以上、KADOKAWA）など多数あり、その圧倒的なわかりやすさから、「受験参考書界のレジェンド」と評されることもある。

改訂版（かいていばん）　大学入試（だいがくにゅうし）　坂田（さかた）アキラの
化学（かがく）[無機（むき）・有機化学編（ゆうきかがくへん）]の解法（かいほう）が面白（おもしろ）いほどわかる本（ほん）

2024年1月26日　初版発行

著者／坂田（さかた）　アキラ
発行者／山下　直久
発行／株式会社KADOKAWA
〒102-8177　東京都千代田区富士見2-13-3
電話　0570-002-301（ナビダイヤル）

印刷所／株式会社加藤文明社印刷所
製本所／株式会社加藤文明社印刷所

●お問い合わせ
https://www.kadokawa.co.jp/（「お問い合わせ」へお進みください）
※内容によっては、お答えできない場合があります。
※サポートは日本国内のみとさせていただきます。
※Japanese text only

定価はカバーに表示してあります。

ISBN 978-4-04-605341-1　C7043